W0248088

POINTS AVENTURE
un esprit de liberté

UNE COLLECTION DIRIGÉE PAR PATRICE FRANCESCHI

Il y a 2 500 ans, Pindare disait : « N'aspire pas à l'existence éternelle mais épuise le champ du possible. » Cette exhortation à un dépassement de la vie était aussi un appel à la liberté et aux liens qui l'unissent à l'esprit d'aventure.
Vingt-cinq siècles plus tard, l'énergie vitale de Pindare ne serait-elle pas un remède au désenchantement de nos sociétés de plus en plus formatées et encadrées ? Et l'esprit d'aventure l'un des derniers espaces de liberté où il serait encore possible de respirer à son aise, d'agir et de penser par soi-même ?
C'est sans doute ce que nous disent les livres qui, associant aventure et littérature, tentent de transformer l'expérience en conscience.

Patrice F.

Aurore Asso – Daphné Buiron
Katell Faria – Mélusine Mallender
Catherine Maunoury
Justine Piquemal Muzik
Priscilla Telmon

FEMMES D'AVENTURES

INÉDIT

Préface d'Isabelle Autissier

Points

ISBN 978-2-7578-9476-7

PRÉFACE

Isabelle Autissier

Qui sont ces femmes, hormis qu'elles exercent des métiers traditionnellement pratiqués par des hommes et semblent fort bien y réussir ?

On cherchera en vain, dans ce qu'elles décrivent de leurs parcours, quelques chromosomes particuliers, quelques dons aussi étranges qu'improbables, bref des singularités qui les distingueraient de l'Homo sapiens classique. Elles ont toutes l'air de sortir de la classe moyenne française, plutôt bonnes élèves, mais pas exceptionnelles, toutes femmes sereinement assumées et pour une partie mères de famille. Aucun garçon manqué, aucune passionaria échevelée, juste des êtres humains devant leurs destins.

En regardant au-delà de l'éclectisme de leurs aspirations, j'y reconnais toutefois des traits de caractères communs. Le plus important à mes yeux est qu'aucune d'entre elles n'a semblé considérer que sa condition de femme pouvait être une entrave à ses aspirations. Bien entendu, elles ne sont pas naïves, elles remarquent ou s'amusent de leur intrusion dans des milieux masculins, sans plus. Cette absence de sentiment d'infériorité a forcément été déterminante. Si elles montrent toutes des inquiétudes à ne pas être à la hauteur de la tâche, c'est plus par l'ampleur du défi qu'elles cherchent à relever que pour une quelconque raison de genre. Gageons que des hommes, en de semblables circonstances, marqueraient les mêmes hésitations.

Evidemment, ces femmes nous prouvent, si besoin était, que leur appartenance sexuelle ne les empêche nullement de réussir brillamment. Elles partagent simplement avec leurs collègues masculins aventuriers, une passion, une détermination, une ténacité et une capacité de travail à toute épreuve. Et comme eux, elles y trouvent le bonheur de l'action et de l'accomplissement. Tout au plus, on remarquera la modestie généralisée de leurs témoignages. Pas une ne s'enorgueillit d'être « l'égale des hommes », comme si ce débat ne revêtait aucun intérêt.

De fait, c'est ce que l'on serait en droit d'attendre. De manière un peu provocatrice, il faudrait souhaiter que ce livre n'existe pas, ou du moins qu'il célèbre à part égales des femmes et des hommes au parcours d'exception. Même si nous n'en sommes plus tout à fait au temps des pionnières, des Marie Curie et des Hélène Boucher, force est de constater que le genre féminin provoque encore l'étonnement, l'admiration et parfois l'agacement dans des domaines réputés masculins.

Quelles conclusions sociologiques en tirer ? Que nos sociétés sont sur le chemin de l'égalité mais qu'il est encore nécessaire d'insister pour que l'exception devienne la norme ? Ou qu'une vision patriarcale tenace continuera à faire prendre ces femmes pour des singularités ? Et que disent les hommes ? Ils sont relativement absents de ces portraits. Que pensent-ils de leurs compagnes, mères, sœurs, filles ? Ont-ils accompagné ces destins, sacrifié une partie de leur propres quotidiens (comme il est d'usage que les épouses le fassent) pour assumer la famille et les tracas journaliers en lieu et place de leurs compagnes ? Se sentent-ils fiers ou gênés d'être « le mari de Mme Untel » ? Ont-ils angoissé d'y perdre une part de leur virilité ?

C'est la question sous-jacente à ce livre. Se passer de l'intelligence, de l'énergie, de l'excellence d'une moitié de l'humanité est une bêtise absolue. Mais l'égalité des femmes et des hommes, leur accès identique à tous les postes et toutes les initiatives ne se fera que lorsque l'ensemble de la société, hommes compris, aura totalement intégré ces principes de parité. Quand depuis le tout jeune âge, on arrêtera d'inculquer aux enfants que leur avenir est borné par une question de sexe, qu'il soit masculin ou féminin. Quand chacune et chacun d'entre nous, sans renier son appartenance sexuelle, vivra l'expression de ses talents avec sérénité, que l'on parle des simples soins parentaux jusqu'aux choix les plus extrêmes. Il est pour cela indispensable que la gent masculine s'engage.

Le féminisme n'est pas une affaire de femmes, mais un enjeu de société.

Je ne peux pas terminer cette préface sans avoir une pensée appuyée pour toutes les femmes dans le monde qui voient leur espace de liberté reculer et le machisme ambiant reprendre des couleurs. Que ce soit au cœur de l'Europe où les Polonaises ont vu régresser le droit à disposer de leur corps ou, à plus forte raison, aux Afghanes dont on dénie à nouveau le simple accès à l'éducation. En entravant leur épanouissement c'est tout le corps social qui est puni.

Que ces portraits de femmes inspirantes nous guident sur le chemin de la liberté, de l'égalité et de la fraternité ou sororité.

Aurore Asso

Un souffle pour l'Arctique

Infatigable voyageuse maritime, ingénieure agronome de formation et championne d'apnée, Aurore Asso s'engage pour la conservation des océans sur tous les fronts : dans ses récits et documentaires, mais aussi avec le projet de création d'une Aire Marine protégée à Nice, qu'elle porte en qualité de conseillère municipale de la ville pour la protection du milieu marin et du littoral.

Puisi ! Il gratte avec ses griffes la surface de la glace encore fine. Il fait un trou pour respirer, puis un autre un peu plus loin, et encore un autre, fixant ainsi la trajectoire de ses déplacements pour les mois de glace à venir. Ces fenêtres de respiration, véritables portes de secours, il les entretient chaque jour à mesure que l'hiver avance et que la banquise s'épaissit. Et il les recouvre même d'un petit capuchon de neige pour qu'elles soient invisibles des prédateurs sur la grande page blanche de la banquise.

Puisi ! J'entends son souffle dans mes songes depuis des mois. Pourtant, il respire le plus discrètement possible, ne sortant de l'eau que ses narines avant de replonger furtivement. Je croise ses yeux espiègles et pertinents, aussi profonds et noirs qu'ils n'ont pas de cornée blanche. Ses longues moustaches drues, les vibrisses, précieuses antennes sensorielles, lui donnent un air d'intellectuel d'après-guerre. Nageur aussi habile que grassouillet, il esquive autant qu'il peut les chasseurs et les ours en misant sur leur impatience, puisqu'il peut retenir son souffle jusqu'à quarante-cinq minutes avant de réapparaître. Le gris-beige de sa fourrure mouillée joue dans la lumière boréale aussi élégamment qu'une étoffe de taffetas cousue de fil d'or. Une main céleste possédée par le génie graphique de Miro y a dessiné de-ci de-là des anneaux plus clairs qui s'entremêlent au hasard, comme des éclats de lune sur la mer nocturne.

« Puisi », *Pusa hispida*, le phoque annelé du Groenland, évolue avec un hydrodynamisme parfait sous la glace de mer arctique. C'est pourquoi cet animal totem a inspiré toute mon expédition, Un souffle pour l'Arctique, que je vous raconte ici dans une lettre adressée à Jean Malaurie, explorateur pionnier des peuples arctiques.

Cher Jean Malaurie,

Vendredi 31 décembre 2021, une brume épaisse mais translucide coiffait tout le littoral de Monaco à Nice. Ne pouvant me résigner à cette humidité plombante, je décidai d'aller courir au mont Chauve pour tenter d'en sortir. Au bout de vingt minutes d'ascension : débâcle. Je passai à travers les nuages qui s'effilochaient dans les feuilles piquantes des chênes verts et me retrouvai au soleil. L'écart de température devait avoisiner les dix degrés car je fumais littéralement. Au sommet, une vision unique m'attendait pour finir l'an : une banquise en plein ciel à perte de vue recouvrait complètement la mer Méditerranée. Un présage aimable et lumineux pour l'année 2022 ? Je vous la dédiai sur-le-champ pour votre centième année et la contemplais assez longtemps pour me rendre compte que d'apparence immobile, elle dérivait et bougeait tout comme la glace de mer. Face à elle, le Groenland avait ressurgi dans mes souvenirs. Réminiscence de mes premiers pas sur la banquise.

Réminiscence de mes premières plongées sous son aile. Je renouais avec ma première aventure polaire, celle que vous avez parrainée avec bienveillance et dont je vous confie ici l'essence comme si c'était hier.

Premiers pas sur la banquise à Uummannaq

C'est à Uummannaq, en sortant du petit héliport avec ma monopalme sur le dos, que j'ai réellement pris conscience que j'étais au Groenland. La glace, la lumière et l'air étaient groenlandais. L'air printanier très sec frisant les moins vingt-cinq donnait l'impression d'assécher et rigidifier les alvéoles pulmonaires. Et cette sensation physique d'échange permanent avec l'atmosphère polaire invitait à respirer en conscience. Rien à voir avec la respiration à des températures équivalentes au sommet des Alpes. Ici, dans cet air pur, l'oxygène ne manquait pas, il fallait seulement l'extraire, le réchauffer et le mobiliser. Ce microeffort de chaque instant donnait au souffle vital une signification non pas symbolique mais purement organique.

Les barques de pêche figées pour quelques semaines encore m'indiquèrent tout de suite le chemin de la banquise. À l'instant précis de mes premiers pas sur la glace, un profond soupir de soulagement m'envahit : toute la tension nerveuse accumulée des dernières semaines pour les préparatifs de l'expédition s'effaça. La banquise devenait, à l'instant où je posai mes pieds dessus, ma lune, mon pays d'adoption, ma terre blanche promise. Je marchais sur la glace de mer, avec l'hésitation et la joie de l'enfant qui aligne ses premiers pas : marcher sur l'eau, j'en avais tellement rêvé ! La lumière polaire est plus éblouissante que la lumière en haute montagne. Il me semblait ressentir concrètement qu'elle faisait ici un trajet plus court… Lumière divine, lumière cosmique. Était-ce une vue de l'esprit ou elle dessinait effectivement mieux les contours de chaque chose et elle agrandissait encore l'immensité de chaque paysage ? Au-dessus de moi, les deux pics jumeaux de l'île qui culminaient à 1 175 mètres et donnaient au rocher d'Uummannaq la forme d'un cœur, comme son nom l'indique en kalaallisut. Derrière moi, la mer de Baffin à perte de vue, et devant moi, la baie d'Uummannaq, tout au fond de laquelle se trouvait ma destination finale : Ikerasak. Le tout était relié par la glace de mer et il était impossible de voir à cette époque de l'année, que Uummannaq et Ikerasak sont en fait deux îles-villages. Avant de quitter Uummannaq, je rendis visite à Ann Andreasen et aux petits pensionnaires dont elle s'occupe dans la maison des enfants d'Uummannaq, puis j'allai saluer la réplique de votre maison d'hivernage à Thulé en 1950-51. Nul doute que cet abri traditionnel en tourbe et en pierre faisait acte de résistance dans ce paysage colonisé par les maisons danoises en bois coloré qui font aujourd'hui l'image d'Épinal du Groenland. Je comprenais mieux alors votre persévérance depuis soixante-dix ans à défendre, non pas seulement le peuple inuit, mais l'identité de tous les peuples premiers qui vivent intrinsèquement avec la terre ou la mer. Cet abri en était le symbole. En imaginant vivre une nuit polaire à l'intérieur, je me souvins d'une de vos confessions sur cet hivernage-là : « C'est mon histoire, c'est ma vie. C'est une année avec les Inughuits qui m'ont construit en tant qu'homme et m'ont ouvert à une perception sensorielle de la nature et de ses lois. » Quelque chose me dit alors, avant même de les connaître et quand bien même la modernité avait ici fait son chemin, que les habitants d'Ikerasak compteraient plus que tout dans mon acclimatation à la plongée polaire. Sans eux, les deux records de plongée que j'étais venue faire ici n'auraient aucun sens. Simple intuition.

Premiers pas sous la banquise à Ikerasak

C'est l'équipe d'Under the Pole de Ghislain Bardout et Emmanuelle Périé-Bardout qui m'a aidée pour la logistique de sécurité de mes plongées. Leur voilier pris dans la banquise effectuait un hivernage paisible dans la baie, à environ un kilomètre du village. Il était devenu la base de plongée de ces explorateurs polaires aguerris.

Dès le lendemain de mon arrivée, j'entrai de plain-pied dans l'organisation de mes entraînements. Quatre heures pour faire le premier trou dans une glace de mer de près d'un mètre d'épaisseur ça réchauffe et ça crée des liens ! Il en serait ainsi chaque jour : un jour, une ouverture à creuser et une plongée d'entraînement. Je décidai de suivre pour mon acclimatation ce que l'on pourrait appeler la méthode du camp de base. Pour ce faire, nous traçâmes sur la banquise une ligne droite avec la distance à parcourir pour le record : 112 mètres. Ce segment était délimité par le trou de départ et le trou d'arrivée. Puis une seconde ligne parallèle à celle-ci fut dessinée avec l'alignement d'ouvertures intermédiaires qui me permettraient de respirer en cas de problème. Ainsi, j'avais bien un toit de glace continu au-dessus de la tête comme le voulait le règlement, mais mon mental pouvait se reposer sur ces portes de secours qui étaient aussi des puits de lumière. Et c'est sur cette deuxième ligne que je m'entrainais en sécurité, entre ces ouvertures points d'étape, ces « camps de base » augmentant chaque jour un peu plus la distance en apnée pour m'acclimater à la distance finale.

Le deuxième jour, je faisais déjà des allers-retours entre le premier et le deuxième trou pour démarrer mon acclimatation. La toute première plongée ne fut pas simple. Avant d'entrer dans l'eau, je pris un morceau de cette glace mer pour la sentir, la goûter. À y repenser, il ne fait aucun doute que l'analyse de ce délicieux sorbet granuleux au goût d'algues et de concombre légèrement salé et iodé était en fait une tentative de diversion pour retarder mon immersion. Et mon appréhension se vérifia. Sentiment aigu de claustrophobie, absence de visibilité, envie de respirer et tremblements furent mes premières sensations sous la banquise. Comment envisager 112 mètres si mes apnées sur 20 mètres étaient déjà difficiles ? Heureusement, comme toujours dans ces temps de crise, on tente de dessiner une balance dans laquelle les forces l'emportent sur les faiblesses. La seule force à faire valoir dans mon mental ce matin-là, c'était mon adaptation à l'hypothermie. J'avais froid mais je n'étais pas en danger, car j'avais nagé en Méditerranée tout l'hiver sans combinaison. Accoudée sur la glace, le corps encore immergé, mes yeux se perdaient dans l'immensité blanche qui m'entourait et je m'efforçais de repasser dans ma tête la progression de ces séances de natation hivernales. Un devoir de mémoire pour me convaincre d'une réalité : mon corps était prêt pour la plongée polaire. Entrer dans l'eau de mer entre douze et quinze degrés au réveil avait d'abord été un « supplice » récurrent, puis un désagrément, avant de devenir un simple entraînement. Les premiers bains n'avaient pas duré plus de cinq minutes, avec la découverte de sensations étranges et leur rejet absolu. Puis une adaptation progressive avait opéré jour après jour, guidée par une respiration calme et maîtrisée. L'entrée dans l'eau n'était plus focalisée sur le contact de la peau avec l'eau froide, mais sur le son des expirations lentes et tranquilles et sur l'image mentale de l'objectif : la banquise. Chaque jour, les picotements au bout des doigts et des orteils apparaissait plus tard. Chaque jour, le moment où la nage est inévitablement ralentie par l'engourdissement des muscles, signe qu'il faut faire demi-tour, était repoussé. Dix, quinze puis vingt-cinq minutes, et jusqu'à trente-cinq minutes juste avant mon départ en avril. Je pouvais rester plus longtemps et je ne souffrais plus. Au contraire, j'appréciais la beauté des fonds sous-marins avec une acuité des sens décuplée. Bientôt je découvrais tous les bénéfices de ces natations sur le sommeil, le système immunitaire et l'énergie mentale. Il fallait reproduire ce schéma ici et maintenant au Groenland avec une combinaison de sept millimètres et une eau à moins 1,5 degré. Et pour ce faire, utiliser le souffle comme j'avais appris à le faire, car il est la clé, la ficelle à tirer pour dénouer le nœud gordien. Le souffle contrôle le corps et l'esprit dans les situations critiques, le souffle rassemble le corps et l'esprit pour agir positivement. C'est écrit dans une pensée de Marc Aurèle qui a traversé les siècles et guide souvent mes pas : « Tout ce que je suis, c'est une chair, avec un souffle et un principe directeur. » Si l'empereur place dans cette phrase le terme « souffle » entre les mots désignant la chair et le mental, c'est parce qu'il est à la fois leur trait d'union et leur tuteur. Il nous rappelle que le souffle est au cœur de l'être.

Forte de ce souvenir, avant de finir ma première session d'entraînement, je pris le temps d'écouter ma respiration pour quitter toute inquiétude et m'enlever toute obligation de résultat de la tête. Il fallait que je me laisse le temps d'arriver et de me familiariser à cet environnement polaire inconnu. Si cela ne fonctionnait pas d'ici quelques jours, j'aviserais. Pour l'heure, je n'étais qu'une chair, avec un souffle et un principe directeur sous la banquise entre les deux premiers trous de l'itinéraire. Voilà tout.

La maison rouge et les habitants d'Ikerasak

À Ikerasak, nous demeurions dans une petite maison de pêcheur rouge qui surplombait la baie. Son seul vrai confort venait du ronflement du vieux poêle qu'il fallait surveiller en permanence, comme un être vivant, pour éviter qu'il ne gèle en fin de combustion du bois ou n'enflamme toute la maison quand il y en avait trop. Avoir chaud, quand on pourrait mourir de froid dehors, voilà un plaisir simple et organique qui remet les pendules à l'heure. Et qu'importe l'aisance matérielle, quand chaque fenêtre de son logis encadre un paysage arctique sous le signe du merveilleux. Autant de fenêtres que de tableaux différents qui interpellent notre imaginaire à chaque heure de la journée. Les humeurs de la montagne d'Ikerasak s'exprimaient dans la cuisine. Tantôt cette dent de requin érigée se fardait de rayons d'or sur la rocaille entre les blocs, tantôt elle s'entourait le cou de nuages mouvants, comme une diva l'aurait fait avec un boa de plumes blanches. Dans la pièce principale, j'observais les couleurs délicates du petit port immobilisé par la glace face à la silhouette chaotique et bleue du glacier Store. Ses icebergs en dents de scie rappelaient curieusement les écailles protubérantes de la dorsale d'un crocodile. Un crocodile des glaces prêt à ouvrir sa gueule pour engloutir le port d'Ikerasak. J'imaginais cet invraisemblable prédateur blanc terré au fond de la baie d'Uummannaq en attendant la fonte de la banquise pour nager et rejoindre enfin libre l'océan Arctique.

Ainsi, on pouvait mener sans peine une vie polaire contemplative dans la maison rouge d'Ikerasak, bercés par la plainte lancinante et continue des chiens de traîneau. Un chant de désespoir ? Un cri de liberté ? Une incantation pour la voûte céleste ? En tout cas, leurs vocalises atténuaient mon inquiétude quant aux objectifs de plongée que je m'étais fixés.

Au bout de deux jours seulement, « dématérialisée » par nécessité, j'étais accoutumée à la vie simple d'Ikerasak. L'absence d'Internet dans la maison rouge offrait une chance de développer sa vie intérieure. Se déplacer à pied ou en traîneau, loin des émissions de carbone et de la pollution sonore du trafic urbain, était un soulagement. Remplir d'eau le lourd jerrican à la fontaine du village était l'occasion de saluer les pêcheurs qui rentraient avec des caisses remplies de flétans et de morues des glaces. Végétarienne, j'avais accepté de manger du poisson séché, comme tout le monde, car cette ressource marine abondait ici et sa pêche traditionnelle ne la menaçait pas. Les habitants d'Ikerasak m'ont accueillie avec une curiosité aimable et bienveillante. Lorsque Lars, l'instituteur, m'a présenté les différentes classes de l'école dont les jeunes parlent couramment kalaallisut, danois et anglais, ils ont tous manifesté immédiatement l'envie de suivre en temps et en heure ma progression sous la banquise jusqu'à la tentative des records. Cette soif de connaître l'autre, cette ouverture d'esprit, cet intérêt spontané pour mes plongées m'ont apporté une énergie positive inattendue.

À leur contact, par mimétisme, je me suis intégrée plus vite à l'environnement polaire parce qu'ils ont ce que la vie urbaine éteint : la joie naturelle, dans tous les sens du terme, c'est-à-dire à la fois innée et puisée dans la nature qui les entoure. Comment décevoir ces enfants qui voulaient que je sois leurs yeux et leurs oreilles sous la banquise ?

Je fis aussi la connaissance de Miki, un jeune Groenlandais qui étudiait à l'université de Nuuk, la capitale, et qui rendait visite ses parents dans la maison à côté de la nôtre. Il parlait un anglais parfait, et je compris dès nos premiers dialogues qu'il avait trouvé un équilibre entre la vie occidentale groenlandaise et son identité inuit. C'est d'ailleurs pour entretenir cet équilibre qu'il revenait continuellement à Ikerasak pour s'occuper de ses chiens. Quand il me proposa d'aller chasser le phoque avec lui sur le glacier Store, je n'osai pas lui dire que cette perspective me donnait l'impression de me tirer une balle dans le pied. Mais je crois qu'il saisit quand même la sensibilité qui se cachait dans le « peut-être » de ma réponse, qui se voulait respectueuse de cette tradition ancestrale. Je lui proposai à mon tour de venir plonger en apnée avec moi. car j'avais une deuxième combinaison et il faisait la même taille que moi. Il eut un rapide regard énigmatique avant de me dire « oui bien sûr », et je sentis qu'il ne fallait pas essayer de comprendre cette seconde d'hésitation, en tout cas pour le moment. Miki, Lars et tous les enfants du village étaient devenus mes compagnons de route dans cette aventure.

Un jour blanc

Ce matin-là, quand j'ouvris les yeux, je compris à la température de mes joues que le poêle avait rendu son dernier soupir pendant la nuit. Le vent soufflait en rafales sur le toit de la maison rouge. Je jetai un regard par la fenêtre en prenant soin de ne pas sortir un petit doigt du sac de couchage qui m'avait protégée toute la nuit : les paysages avaient disparu, c'était un jour blanc. La tentation de rester confinée dans la maison rouge était grande, mais il fallait parer à toute éventualité et continuer l'acclimatation coûte que coûte. Si le jour du record était un jour blanc, il faudrait bien que je plonge quand même. Alors, comme chaque matin, je me suis équipée en vitesse, j'ai mangé des flocons d'avoine avec du thé, du miel et des baies séchées et j'ai filé avec Miki sur le lieu d'entraînement.

Une surprise m'y attendait. À côté du trou de départ se trouvait un petit refuge en bois. Cette cabine bleue dans le jour blanc était aussi le point sur l'*i* du mot espoir. J'y entrai pour m'abriter du vent. Deuxième surprise : il y avait à l'intérieur un petit poêle que j'allumai sans peine, celui-là. Miki me dit que des pêcheurs l'avaient apporté pendant la nuit sur un traîneau, mais je n'ai jamais pu savoir qui. « Ils n'ont pas fait cela pour tu leur dises merci », me dit-il. Leur attention et leur discrétion, il fallait que j'en sois digne ! Ils ne plongeaient pas, mais ils avaient deviné que rester au chaud jusqu'au dernier moment avant l'immersion retardait l'arrivée de l'hypothermie. Une preuve de sympathie au sens étymologique du terme, c'est-à-dire la capacité de souffrir (*pathein* en grec) avec (*syn*) autrui. Nul doute qu'enfiler ma combinaison avec de l'eau savonneuse, dehors, par moins vingt degrés avec le vent aurait ce jour-là condamné ma plongée avant même de l'avoir commencée. Au lieu de cela, grâce à eux, je pouvais prendre le temps de me concentrer en allongeant volontairement le temps de mes expirations pour trouver le calme intérieur malgré le chaos extérieur. Tel un lézard étendu sur une dalle de calcaire dans les calanques, tous les pores de ma peau absorbaient la chaleur qui régnait comme un trésor dans ce refuge inattendu. Les Inuits l'utilisent pour leurs longues heures d'attente sur la banquise quand ils pêchent ou chassent, et je l'utiliserais dès lors comme une rampe de lancement pour mes plongées. Une fois tranquille ou presque… je sortais, tout équipée. Mon masque était déjà sur mes yeux, ma ceinture de plomb ajustée sur les hanches. Pas moins de dix kilos étaient nécessaires pour avoir une flottabilité neutre à cinq mètres sous l'eau, et ainsi éviter le risque de remonter me coincer sous le toit de glace.

Il ne me restait plus que la monopalme à mettre… À cette latitude, ce moment de transition où l'on passe de bipède à pinnipède est moins symbolique que douloureux. Mes doigts étaient déjà reliés entre eux dans une moufle en néoprène de huit millimètres d'épaisseur comme ceux des phoques dans la fourrure qui revêt leurs nageoires pectorales. Et quand j'essayai quand même de mettre un pied dans le chausson de la palme je dérapai sans surprise. Ce fut l'occasion de dédramatiser un peu la situation en partageant un fou rire dans le blizzard avec Miki. *« Like Sedna »*, dit-il en regardant mes gants sans doigts. Sedna ? Une question que je ne m'empêchais pas de lui poser à cet instant car chaque minute comptait à cette température. Il fallait que je plonge au plus vite avant de trembler. La deuxième tentative à mains nues fut la bonne et, pendant quelques secondes, j'entendis mes doigts mouillés en train de geler dans le blizzard me dire : « N'y va pas, ne plonge pas, c'est trop froid ! Retourne au chaud dans la cabine bleue. » Heureusement, ce fut encore Marc Aurèle qui me sortit de ce mauvais pas et fit taire mes doigts. « Si tu supprimes ton opinion sur ce qui semble t'affliger, tu te places toi-même dans la position la plus inébranlable. » Promesse tenue : puisque la plainte accroît le ressenti de la souffrance, je m'interdirais désormais de verbaliser tout ressentiment contre la température. Autrement dit, interdiction de dire « j'ai froid » durant tout le voyage. Cet exercice stoïcien se révéla très utile. En Arctique, on ne peut pas hésiter : il faut agir ou renoncer. Alors, jour blanc ou pas, je remis mes mains dans les moufles et je sondai.

Je relativise enfin au moment de ma dernière inspiration :
je plonge sous la banquise comme hier et comme demain.

Je cherche à m'intégrer un peu plus dans cet écosystème sous-marin, l'un parmi tant d'autres sur terre. À cet instant, je suis tranquille car j'ai en mémoire, à la faveur de toutes mes années, que l'eau nous rend au centuple ce qu'on lui donne. Et assurément, sous la banquise, le blizzard n'est plus. Tout est clair, calme et silencieux. Il fallait juste faire le pas de l'immersion pour le voir.

À mesure que j'ondule avec ma palme, mes émotions évoluent comme dans un ballet d'Igor Stravinsky. L'inquiétude fait place à l'émerveillement et vice versa. Bientôt la nécessité absolue de saisir l'intensité du monde arctique sous-marin transcende l'effort musculaire et l'attente de l'ouverture suivante. Changement de point de vue : je ne suis plus enfermée sous la banquise, j'y suis parce qu'elle me protège sous son aile du vent polaire. Mes yeux grands ouverts et réceptifs découvrent alors une forêt d'algues suspendues à la glace et la beauté de cette verdure improbable me fait oublier le manque d'oxygène. Je navigue dans une transposition de la canopée amazonienne. En lieu et place des arbres qui se balancent sous la pluie chaude, cimes vers le ciel, les longues algues ondulent dans le courant froid et pointent leurs frondes vers le fond de la baie.

Sous la glace, le jour n'est pas blanc mais vert, vert vibrant, vert comme la vie végétale de cette forêt à l'envers ! J'apprendrai plus tard que le développement des algues et du phytoplancton constitue le premier maillon de la chaîne alimentaire sous la banquise. C'est la production primaire de l'écosystème qui intervient dès que la couverture neigeuse de la banquise diminue et laisse passer la lumière au printemps. C'est un fait, plus les jours s'allongent, plus les fées vertes dansent sous la banquise, c'est le sacre du printemps polaire. On nomme ce phénomène biologique « efflorescence planctonique » ou « bloom planctonique », et il intervient de plus en plus tôt dans la saison, en raison de l'accélération du réchauffement climatique.

Miki et son peuple premier bien vivant

Le lendemain était un jour de repos et je le passais avec les habitants d'Ikerasak. Les enfants de l'école m'avaient invitée à une partie de pêche au flétan. Ils étaient fiers de m'apprendre à faire des trous avec la *tooq*, sorte de poinçon géant au bout d'une lance. C'était un jeu d'enfant en comparaison du travail de titan collectif qu'on effectuait chaque jour pour établir un « nouveau camp de base » dans la glace et surtout, un jeu avec les enfants, loin du site d'entraînement et loin du dépassement de soi. Un simple moment de joie partagée. L'attente fut courte avant de voir jaillir hors de l'eau un poisson au bout d'une ligne. Éclats de rire et regards amusés pour l'observer avant de le remettre à l'eau.

L'après-midi je partais sur le glacier Store en traîneau avec Miki. Nous avions convenu que je l'initierais à l'apnée près d'un iceberg où Ghislain et Emmanuelle avaient pratiqué une ouverture pour leurs explorations en recycleur. Puis nous partirions à la chasse aux images dans le territoire des phoques annelés, à l'embouchure du glacier Store. Une idée de Miki. Il me dit en souriant que le fusil attaché au traîneau n'était là que pour parer à une attaque d'ours polaire, au demeurant improbable. La fougue des chiens pour parcourir les chemins sur la banquise entre les icebergs était communicative. À mesure que le traîneau bondissait sur les bosses gelées, je prenais conscience que le glacier Store et ses géants bleus nous reliaient directement à l'inlandsis. Cette calotte glaciaire me fascine depuis mes premières lectures de Paul-Émile Victor. Ce vestige de la dernière glaciation s'est formé il y a près de 700 000 ans ! Et depuis, son évolution suit l'histoire du climat. Au maximum de la glaciation, il y a 21 000 ans, quand le nord de l'Europe était recouvert de glace, l'inlandsis enveloppait tout le Groenland. Aujourd'hui, il n'en recouvre que 80 %, et avec l'accélération du réchauffement climatique, ses pertes en glace dépassent ses accumulations en glace. Autrement dit, le tassement des précipitations neigeuses à sa surface ne suffit plus à compenser sa fonte et sa production d'icebergs au niveau de ses glaciers côtiers comme le glacier Store. C'est ce bilan dressé par les glaciologues qui fait de l'inlandsis groenlandais un contributeur majeur de l'élévation actuelle du niveau mondial des océans[1]. J'en prenais conscience à la vue du chaos d'icebergs figés dans la banquise que j'avais en face de moi – autant de glaçons qui seraient libérés dans le grand vase océanique cet été. Miki avait étudié tout cela à l'université, et lorsque je

1. Selon la revue scientifique *Nature*, avec 3,8 billions de tonnes de glace perdues entre 1992 et 2018 le Groenland est le plus grand contributeur à l'élévation du niveau mondial des océans.

lui demandai si le réchauffement climatique inquiétait les habitants d'Ikerasak, il eut une réponse presque impassible :

« Mes grands-parents chassaient et pêchaient sur la banquise huit mois de l'année. Aujourd'hui, il n'est pas rare de passer à travers dès le mois de mai, d'ailleurs, quand tu repartiras à Uummannaq, ce seront les derniers jours de traîneau possibles dans la baie. »

Trois ans après notre expédition, j'appris que des glaciologues de l'université de Cambridge[1] ont enregistré pour la première fois sur le glacier Store un phénomène très difficile à observer, qui révèle clairement l'impact du réchauffement climatique sur la dynamique de la calotte glaciaire et de ses glaciers émissaires. Non loin de là où nous étions, quelques jours après avoir établi leur campement sur le glacier, ils avaient observé en temps réel avec leur drone la vidange aux trois quarts d'un immense lac de fonte sur l'inlandsis. En cinq heures seulement, cinq millions de mètres cubes d'eau, soit l'équivalent de deux mille bassins olympiques, s'étaient infiltrés dans l'épaisseur de l'inlandsis à travers une faille sous-jacente. Dans le même temps, les scientifiques enregistrèrent une accélération temporaire de la vitesse d'écoulement du glacier Store de deux à environ cinq mètres par jour. Cela prouvait que l'eau de fonte du

1. Les glaciologues du Scott Polar Research Institute pour le programme scientifique européen RESPONDER (Resolving subglacial properties, hydrological networks and dynamic evolution of ice flow on the Greenland Ice Sheet).

lac d'altitude avait atteint le lit du glacier et qu'elle agissait comme un lubrifiant pour l'écoulement de sa glace vers l'océan, augmentant ainsi sa productivité. Je ne me serais jamais penchée sur la compréhension puis l'explication de cette découverte si je n'avais pas plongé dans le glacier Store avec Miki. Nos expéditions de plongée font de nous des témoins de la beauté et de la fragilité du milieu marin que nous parcourons et elles nous impliquent naturellement dans leur conservation. Ce devoir de méditation nous rapproche un peu de l'état d'esprit des naturalistes embarqués dans les grandes explorations maritimes des XVIIIe et XIXe siècles, qui n'avaient pas seulement pour vocation la découverte scientifique mais aussi le partage des connaissances. Découvrir. S'émerveiller. Faire connaître. Aussi, l'enthousiasme et la soif de savoir de Joseph Banks, Philibert Commerson, et Jeanne Barret et tant d'autres accompagnent toujours un peu l'allant de mes voyages.

Quand nous sommes arrivés sur le site de plongée, nous avons grimpé sur le petit iceberg qui le surplombait et j'ai appris à Miki quelques exercices de respiration qu'il devrait refaire ensuite dans l'eau. Puis nous avons médité en silence, imaginant le paysage qui nous entourait en plein été dans l'eau libre. Notre îlot de glace aurait repris son voyage dans la baie en direction de l'océan et l'on pourrait voir le spectacle assourdissant de la naissance des icebergs du glacier Store au fond de celle-ci : le vêlage. Mais pour l'heure tout était silencieux et figé, et il était temps de plonger. J'avais pris des bouteilles d'eau chaude dans un sac isotherme pour que Miki puisse en glisser sous le néoprène de ses gants et de ses chaussons. Il fallait mettre toutes les chances de son côté pour que ce baptême ne soit pas un exploit douloureux, mais une découverte unique qui le rapprocherait encore plus de son milieu de vie.

Pour la première immersion, à seulement un mètre, j'ai plongé face à lui pour pouvoir détecter la moindre inquiétude dans ses yeux. Il n'y en avait aucune : les jeux de lumière dans les bulles d'air emprisonnées sous la banquise et les quelques morues de glace venues nous rendre visite absorbaient toute son attention. Je n'étais pas étonnée par son aisance naturelle sous l'eau, car il avait dans sa façon d'être au monde une qualité requise pour notre discipline : la tranquillité naturelle. Tranquillité dans sa manière de bouger, de parler et de penser les choses. Prendre des risques n'était pas dans sa nature, c'est pour cela que je pouvais lui faire confiance. Nous avons plongé l'un après l'autre suivant une méthode que l'on pourrait qualifier de « méthode du compas ». Les deux plongeurs sont reliés comme les deux pointes d'un compas grâce à une longe. Le plongeur en immersion, la mine du compas, reste à plat sous la banquise et évolue en cercle autour de l'autre plongeur, la pointe du compas, resté en surface dans l'ouverture. Ainsi, la corde attachée à nos poignets indiquait toujours au plongeur sous la glace la porte de sortie. Et à tout instant, je pouvais tirer sur la corde pour ramener Miki vers moi s'il avait un problème.

L'énergie de ce moment de partage comptait plus que tous mes entraînements réunis, car je pouvais ressentir l'émerveillement de Miki qui n'avait encore jamais plongé de toute sa vie. Ce matin-là, tout était simple et d'une pureté éclatante. À cet endroit, l'eau était bien plus claire que lors de mes plongées précédentes dans la baie. Je lui expliquai que c'était lié à la présence du nuage de petits crustacés que l'on pouvait à peine distinguer à l'œil nu : du zooplancton. En effet, le zooplancton, deuxième maillon de la chaîne alimentaire de cet écosystème marin, mange le phytoplancton et donc clarifie l'eau. Miki ne parla pas beaucoup dans l'eau, mais il semblait de plus en plus ému. Et bientôt je retrouvais le sourire triste et perdu qui avait saisi son visage le jour où je l'avais rencontré à Ikérasak. Il est des silences qu'il ne faut pas briser. Il est des non-dits qu'il faut respecter. J'appris plus tard qu'il avait perdu son frère récemment dans une noyade. Je mesurai alors le courage et la discrétion avec lesquels il avait surmonté un tel traumatisme ce jour-là. Envisager d'aimer l'eau qui lui avait enlevé son frère. Plonger pour se réconcilier avec la mer et l'aimer.

Une heure plus tard, emmitouflés sous d'épaisses couches de vêtements, nous continuions notre visite du glacier Store et il m'initiait à la chasse de mon animal totem. Un comble. Nous avions revêtu l'habit blanc et nous utilisions la petite toile, elle aussi toute blanche, pour nous cacher lors de nos déplacements à plat ventre, sur la banquise cette fois. Je me tenais prête pour appuyer sur la gâchette de l'appareil photo, mais malgré ce parfait camouflage, les puisis n'étaient pas au rendez-vous. Nous en aperçûmes à peine un, à une centaine de mètres, et il plongea immédiatement. Pour autant, ce temps à l'affût avec Miki me permit de mieux comprendre pourquoi il voulait continuer cette tradition millénaire malgré son mode de vie occidental. Il me parla avec objectivité de l'alcoolisme, de la maltraitance et du taux de suicides issus du choc de la modernité et de l'acculturation accélérée dans les villes groenlandaises. Je connaissais ces éléments qui étaient la raison d'être de la Maison des enfants d'Uummannaq, mais par discrétion je n'avais pas voulu aborder le sujet jusque-là. En écoutant attentivement Miki, je repensais alors à l'expression que vous employez souvent pour parler des Inuits : ils sont par nature des « hommes naturés[1] ». Et pour cause, ils n'ont pas, comme nous, des siècles de sédentarisation dans leurs gènes. Heureusement, si les villes ont « dénaturé » bon nombre d'Inuits, il existe une jeune intelligentsia groenlandaise qui s'oppose à cette dénaturation. Miki en faisait partie. Son ressenti des éléments, ses propos et ses actions me le démontraient.

Il ne donnait pas de leçons, chacun de ses mots était pesé et orienté vers un syncrétisme réfléchi. Il ne rejetait pas la culture et les technologies de la société occidentale, il les utilisait même à bon escient, mais il résistait à

1. « Homme "naturé", le Groenlandais – chasseur et pêcheur – serait tout naturellement le naturaliste d'élite que l'on recherche. » Jean Malaurie

la dissolution de sa propre civilisation. Ce qui a changé entre la génération de Miki et celle que vous avez eu le privilège de côtoyer, avant le développement économique du Groenland, c'est leur conscience de la mondialisation. Miki savait que l'identité de son peuple ne comptait pas seulement pour la survie des Inuits, mais aussi pour celle des sociétés occidentales qui perdent chaque jour un peu plus la conscience du vivant. À cet égard, il me rappela que la chasse n'a pas seulement été leur unique moyen de subsistance au côté de la pêche pendant des millénaires. C'est aussi, pour les Inuits, un acte d'amour envers la nature nourricière, une activité fondatrice dans leur culture. Il n'y a pas d'art sans os à sculpter, sans peau à faire chanter sur les tambours des chamans. Il n'y a pas de mythes sans les récits des chasseurs. Il n'y a pas de communication possible avec le vivant sans la chasse traditionnelle. Miki m'a raconté que l'Inuk[1] demande toujours au phoque de se laisser prendre, puis, une fois abattu, il le remercie en versant délicatement de l'eau de mer sur sa tête. Ce geste renouvelle le respect du chasseur pour la vie et sa conscience d'en avoir arraché une à la banquise. Paradoxalement, la pensée du chasseur traditionnel inuit se rapproche presque de la pensée de certains philosophes végétariens. C'est le détail qui m'a le plus marquée dans cette discussion. Est-ce que dans un abattoir, on remercie chaque cochon d'avoir la gentillesse de bien vouloir nous nourrir ?

1. Inuk : singulier d'Inuit.

Quelques années plus tard, à la lecture de votre ouvrage *Lettre à un Inuit de 2022*, il me sembla que « le citoyen inuit de 2022 » à qui vous adressez l'espoir de cette lettre était Miki.

> « Adressée aux citoyens du Grand Nord, cette lettre est un cri d'alarme : Résistez mes amis ! En n'acceptant l'exploitation des richesses pétrolières et minières de l'Arctique qu'avec votre sagesse.
>
> L'Occident est mauvais et nous avons besoin de vous. Le matérialisme nous conduit à notre perte.
>
> Puisse le citoyen inuit de 2022 voir le rêve des explorateurs se réaliser : un pôle non pollué où régnera un humanisme écologique. Il est urgent de reconnaître la prescience des peuples premiers et de prendre enfin humblement conscience que leur volonté obstinée de respecter cette nature ne fait pas d'eux des retardataires, mais des précurseurs. Telle est la force de leur pensée sauvage. »

Merci pour ces mots. Leur lecture provoque chaque fois instantanément la résurgence de ma discussion avec Miki sur la banquise ce jour-là.

Sur le chemin du retour, je tombais de sommeil dans le traîneau. Cette immersion dans le peuple groenlandais m'avait ouvert les yeux et le cœur, elle m'avait rassérénée. Miki m'avait transmis sa tranquillité inuite naturelle et il m'avait convaincue comme vous que le peuple premier du Groenland, au sens où il fut le premier à l'occuper, a pour nous des enseignements précieux pour reconstruire un lien hypersensoriel avec la Nature. Il nous faut leur prêter une oreille attentive.

112 mètres sous la banquise

Après la plongée du « jour blanc », il y en eut beaucoup d'autres et elles ont toutes suivi la dynamique positive née dans la canopée de la forêt à l'envers. C'était une « plongée décisive ». Avant, j'étais étrangère à la banquise, après, j'en étais devenue un organisme vivant. Durant mes années de pratique à travers le monde, quelques plongées mémorables se sont distinguées en saisissant le *genius loci* bienveillant des milieux aquatiques parcourus. Je les qualifie volontiers de « plongées décisives », en ce qu'elles renforcent continuellement et durablement ma quiétude interne. La baie d'Uummannaq s'ajoutait à la mer de Laptev dans l'Arctique russe, aux cénotes[1] de Casa Cenote et Dos Ojos dans le Yucatán, au récif de Cabo Pulmo dans le golfe de Californie, au lac Long dans le Mercantour, à la mer Égée dans le parc national des Sporades du Nord, et à bien d'autres pierres encore du rempart bleu que je construis pour protéger mon mental des adversités futures. Dans ces immersions rares et touchées par la grâce de l'eau, la perception du temps et de la distance est comme suspendue. L'apnéiste dépasse alors la simple quête de

1. Cénote : grotte calcaire souterraine qui s'est remplie d'eau après l'effondrement de son plafond.

performance et devient un pêcheur d'aisance qui s'intègre de plus en plus dans la vie du liquide qu'il traverse. Ainsi portée par la plongée du jour blanc, je poursuivais activement ma progression de camp de base en camp de base. Chaque jour, nous creusions un nouveau trou de respiration pour augmenter la distance. Chaque jour, je nageais plus loin et retenais mon souffle plus longtemps. L'adage « à chaque jour sa peine » prenait un nouveau sens. Par peine, je n'entendais plus « difficulté, anxiété et apnée épuisante », mais « effort gratifiant et travail d'adaptation au milieu polaire ». En fait, je traçais ma ligne comme les alpinistes le font sur une paroi d'escalade, de relais en relais, pour atteindre le sommet. Ainsi, lorsque la date du record arriva, j'envisageais ce dernier non pas comme un enjeu ambitieux et aléatoire, mais comme la suite du chemin dessiné sous la banquise.

La veille au soir, je songeais à la conquête du pôle Sud par Roald Amundsen. Lui aussi avait tracé sa ligne sur une page de glace. Son ascension pionnière était le fruit d'une longue préparation, durant laquelle il avait accoutumé son équipe aux rigueurs de l'Antarctique en jalonnant l'itinéraire de postes de ravitaillement, l'équivalent de mes ouvertures sur la banquise. Il avait ainsi balisé la difficulté au sens propre du terme, en la divisant en étapes bien marquées par les drapeaux noirs qui indiquaient la position des vivres enfouis sous la neige. C'est ainsi que les hommes d'Amundsen avaient augmenté la distance pas à pas, jusqu'à être suffisamment aguerris pour faire la marche d'approche d'une seule traite et pousser l'ascension finale jusqu'au pôle, le 14 décembre 1911. Le secret de la réussite de l'expédition d'Amundsen était bien l'acclimatation, celle qui manqua aux hommes et aux poneys de l'expédition anglaise rivale de Robert Falcon Scott, qui atteignit le pôle, le 17 janvier 1912, mais n'en revint jamais.

L'histoire de la conquête des pôles a toujours été pour moi un moteur. Repenser à Amundsen la veille de ma tentative m'aidait à envisager les 112 mètres non pas comme un record centré sur l'ego, mais comme une plongée pionnière dans le milieu polaire : la plus longue distance horizontale en apnée jamais parcourue sous la banquise arctique. Sincèrement, je n'aurais jamais eu la même motivation pour nager cette distance dans un lac gelé des Alpes.

Le matin du jour J, juste avant de partir plonger, je relisais le « billet doux de l'empereur » en buvant mon thé vert dans la maison rouge. C'est ainsi que j'appelle le morceau de papier taché, écorné et cent fois replié dans mes poches sur lequel j'ai recopié les pensées de Marc Aurèle qui guident mes plongées. Sorte de viatique pour traverser les contrées et les expériences inconnues, il m'accompagne dans tous mes voyages. À la suite de la maxime qui m'avait tirée d'affaire le jour blanc, j'y trouvai le plus bel éloge du détachement que les stoïciens aient jamais formulé :

« Tu peux supprimer bien des sujets de trouble superflu pour toi et qui n'existent tous qu'en ton opinion.

Tu t'ouvriras alors *un immense champ libre*, si tu embrasses par la pensée *le monde tout entier*, si tu réfléchis *à l'éternelle durée*, et si tu médites sur la rapide transformation de chaque chose prise en particulier. Combien est court le temps qui sépare la naissance de la dissolution, *l'infini* qui précéda la naissance comme aussi l'infini qui suivra *la dissolution* ! »

Marc Aurèle rend ici l'horizon accessible aux êtres les plus anxieux. Il encourage la bravoure et la dignité de ceux qui tendraient naturellement à baisser les bras. Il n'est pas élitiste mais humaniste. Ses mots limpides proposent une méthode pour atténuer nos tourments : les décentrer, autrement dit les replacer dans plus grand que soi en considérant d'emblée, comme un fait, notre inévitable dissolution dans l'infini. Je voyais presque dans cette pensée une métaphore de mes incursions aquatiques sous la banquise. L'« immense champ libre », c'était elle, la banquise. « L'éternelle durée », c'était le temps de cette plongée que je voulais ressentir ni longue ni courte mais atemporelle. Quant à « la dissolution », je ne la voyais pas seulement comme la Fin à laquelle Marc Aurèle fait allusion, mais aussi comme la sensation vitale de faire partie d'un tout : le tissus vivant de la Terre. Une sensation que je rechercherai dans cette plongée particulière : se dissoudre et ne faire qu'un, le temps d'une apnée, avec l'écosystème banquise. Avoir conscience à la fois de notre finitude et de notre insignifiance dans l'espace terrestre permet d'atteindre le détachement nécessaire pour développer un réel sentiment d'appartenance à la biosphère. Être un parmi tant d'autres êtres vivants. Être une simple vie sur la Terre.

Relire cette maxime m'avait permis de relativiser sur l'enjeu et de revenir à ma raison d'être dans l'eau. Je n'étais plus dans l'ambition d'un record du monde, mais dans « l'*imaqa* » des Groenlandais, c'est-à-dire dans leur champ du possible. « Aujourd'hui j'ai envie de plonger sous la banquise et on verra bien… », voilà ce que penserait un chasseur inuit s'il devait plonger.

Lors de ma dernière inspiration, je prends plus d'air que d'habitude, guidée par le souhait de mettre toutes les chances de mon côté pour arriver sereinement au bout du chemin. Dès que je suis immergée sous la glace, je pense à « Puisi », le phoque annelé à peine aperçu sur le glacier Store mais omniprésent dans mes pensées. Il n'y a pas d'âge pour avoir des amis imaginaires. « Puisi » est là, à côté de moi. Il me prête son aisance innée dans l'eau, sa capacité pulmonaire, sa chaude fourrure. Il est mon exemple, mon totem, ma pensée agréable. Je n'ai qu'à l'imiter et à le suivre pour ressortir au dernier trou du parcours. Sans doute parce que je suis plus concentrée, le réflexe d'immersion est plus fort que dans les plongées précédentes.

Réflexe d'immersion. C'est ainsi qu'on appelle la réaction de survie de l'organisme lorsqu'il est immergé en apnée. Tous les mammifères en sont dotés, qu'ils soient marins ou terrestres. Des récepteurs thermiques sur le visage détectent le froid et envoient des signaux nerveux au cerveau pour ralentir le rythme cardiaque[1], ce qui favorise la durée du temps d'apnée du plongeur. Dès le début de ma plongée, j'entre dans une hypersensorialité qui me rappelle celle que vous décrivez chez les Inuits. Mes yeux voient plus loin, les couleurs sont plus prononcées, mon ouïe est plus fine, l'enveloppe de l'eau est plus bienveillante encore, la sensation de glisse est plus forte. Mon cerveau est focalisé sur le ressenti de la vitesse à mesure que la ligne de vie que nous avons tendue sous la banquise défile sous mes yeux. Ma palme est devenue le prolongement de mes pieds et je finis chaque mouvement d'ondulation par un temps d'inertie pour économiser de l'énergie et de l'oxygène. Ainsi, j'ai l'impression d'avancer plus vite avec moins d'efforts que la veille. 1 minute 47 secondes plus tard et 112 mètres plus loin, à la vue des deux flotteurs rouges qui marquent la fin du parcours, je sors la tête de l'eau, comme Puisi.

Ma première inspiration ressemble, je crois, à celle de la naissance. Il me semble revenir d'une autre planète. Mon regard, encore rempli de l'eau verte et glacée, flotte dans l'air. Je suis quelques secondes extérieure à moi-même, spectatrice de la scène que je suis en train de vivre. Sensation de lévitation étrange et éphémère que le dépassement de soi catalyse parfois. Soudain, le sourire des pêcheurs et les éclats de rire des enfants me ramènent à la réalité humaine de cette banquise et je quitte l'esprit de Puisi. Les habitants d'Ikerasak sont tous là, rassemblés autour de l'ouverture. J'étais si concentrée que je n'avais pas prêté attention à leur présence

1. Ainsi, le phoque, par exemple, peut passer de 125 à 10 pulsations cardiaques par minute lorsqu'il s'immerge.

à mon départ. Ils ont couru sur la banquise pendant que je nageais sous elle, pour être là, à ma sortie. Encore une preuve d'amitié.

Au moment de brandir le drapeau du Groenland qu'ils m'ont tendu, j'étais fière de dédier ce record à leur peuple et à leur terre en pleine transformation écologique et économique. Cette plongée, comme celle du jour blanc, était décisive, c'était une nouvelle pierre pour construire ma force intérieure. Et son souvenir m'apporterait toujours le souffle de l'Arctique.

Dans les abysses de la baie d'Uummannaq

Première plongée en poids constant dans le fjord. Pour cette discipline qui consiste à s'immerger à la verticale avec l'aide de palmes en utilisant le même poids à la descente et à la remontée, je n'avais besoin que d'une seule ouverture sur la banquise. Nous y avions déroulé une corde de pêcheur de 60 mètres de long, sur laquelle je cliquerai le mousqueton de ma longe pour être reliée à la surface durant toute la plongée. Une fois ma combinaison enfilée, je m'assis sur le bord de la banquise, les jambes dans l'eau. Je ne saurai jamais combien de temps je suis restée là, immobile, le regard perdu dans l'onde qui affleurait. Je pensais à la connectivité des océans ou plutôt de l'Océan, comme si, à l'autre bout du monde, quelqu'un pouvait sentir dans l'eau les remous que je créais avec ma palme à cet instant. L'eau de mer varie en température, acidité et salinité aux différents points du globe. Et pourtant elle est une, quel que soit l'endroit où je plonge. J'en ressens la même présence substantielle et la même intelligence vivante. Immergés, ne sommes-nous pas tous dans le même bain, constitué de toutes les mers du monde ? Cette unité liquide est une caractéristique de la Terre qui saute aux yeux des astronautes en orbite : ils ne voient qu'une seule couverture vivante border les continents de la planète bleue. Une évidence que l'on oublie trop souvent. Une vérité qui prévaut dans toute considération écologique. Nous le voyons bien, par exemple, avec les impacts d'une marée noire à des centaines de kilomètres du tanker qui fuit, ou encore avec la circulation thermohaline de l'océan qui est directement liée au climat mondial.

Mes orteils glacés commençaient à se faire sentir et ils me ramenèrent bien vite à l'espace présent : l'océan Arctique. Ce matin-là, force était de constater que je n'avais aucune envie de plonger, et ma réflexion sur le continuum bleu n'y changeait rien. Je me sentais démunie face à l'inconnu des profondeurs de la baie d'Uummannaq. Que ce soit en Méditerranée, sous les tropiques ou dans l'océan Arctique, avant de plonger, je dois toujours faire le vide en moi pour revenir au champ des possibles de la Nature et être attentive à ses manifestations visibles et invisibles. Et ce jour-là, je n'y parvenais pas. C'était un signe de fatigue extrême, mais je ne le voyais pas tout de suite. Si les plongées en profondeur ont un impact psychique plus fort que les plongées horizontales sous la surface, c'est sans doute parce que, le temps d'une apnée, elles nous éloignent plus de notre habitat naturel et du monde humain. En effet, à la verticale du ciel, comme à la verticale de soi, on quitte la surface du monde connu. Participer de la continuité des océans n'est pas une évidence. Le dépassement physique n'y suffit pas, il faut aussi faire preuve de détachement, détachement de soi et détachement de la civilisation qui nous encadre. Bien protégés dans nos sociétés occidentales, qui ont démantelé la force des mythes, en les réduisant dans le meilleur des cas à des sources d'inspiration cinématographiques, nous ne sommes plus habitués à côtoyer l'invisible et à accepter l'imprévisible. Comme vous le rappelez, cher Jean Malaurie, seuls les peuples premiers ont préservé ces aptitudes. Dans nos agglomérations urbaines, si notre habitat est souvent ergonomique, fonctionnel et parfois même beau, il n'en est pas moins coupé des forces naturelles et il nous éloigne de toute cosmogonie. Peut-être que sous les routes, le sol crie et s'étouffe depuis des siècles, peut-être que les animaux sauvages se cachent aux abords des villes pour nous observer, peut-être que le vent aimerait faire tomber les tours en béton pour faire redessiner la silhouette des collines qui les portent, peut-être que la lune aimerait éteindre l'éclairage public pour faire revenir les oiseaux nocturnes. Les citadins vivent dans la rationalité d'un monde visible et sécurisé, c'est pourquoi il est difficile de revenir à l'imprévisible de la Nature. Nous sommes tous des orphelins de Gaïa, devenus hermétiques malgré nous à sa voix. Et ce matin-là, quand je lui tendais l'oreille, je n'entendais rien. Des ombres allaient et venaient dans ma tête : « Personne n'a jamais plongé dans ce fjord. Y a-t-il des courants sous-marins ? À quelle profondeur navigue le célèbre requin des glaces malvoyant ? Est-ce que je parviendrai à équilibrer la pression sur mes tympans dans une eau aussi glaciale ? » Ces questions cristallisaient en fait une intranquillité plus existentielle. Je n'étais pas disposée à quitter mon monde de terrienne ce matin-là, et je plongeai quand même. Erreur.

> Dès les premiers mètres, je ressens des contractions dans ma gorge. Tout mon corps se met à tressaillir. Il me semble sursauter interminablement d'effroi, alors qu'aucun danger ne pointe le bout de son nez. Je suis seulement en proie à la fatigue et à mes propres doutes. Je repense alors : « En Arctique, il ne faut pas hésiter, il faut agir ou renoncer » et cette fois, je remonte à la surface.

Nul doute que ce jour-là il fallait plonger, pour éviter l'hypothermie. En sortant de l'eau, je ne montrai aucun signe de frustration ou de colère. Je ne savais que trop bien, à la faveur de mes lectures stoïciennes, que ces humeurs-là, en plus de nous enlaidir, dégradent notre sagesse et desservent nos objectifs. À cet instant, la petite cabine bleue des pêcheurs fut plus que jamais un refuge physique et mental. J'y entrai non seulement pour me réchauffer et boire du thé, mais aussi pour faire le point sur la faisabilité de ce deuxième record. Au bout de quelques minutes, cette réflexion se transforma malgré moi en une sieste de marin. Être bienveillant envers soi dans les moments les plus critiques. Sauvegarder son mental dans l'adversité. Je pensais tout bas en me réveillant : « La fatigue m'assaille et je ne veux pas être en lutte avec l'eau. Aujourd'hui n'est pas un jour pour plonger profond. C'est ainsi, on verra demain. »

Vingt minutes plus tard, forte de l'expérience du jour blanc, j'eus l'idée de faire une dernière plongée contemplative facile pour sortir de cette impasse et tenter de retrouver un sentiment d'harmonie avec la banquise.

Je descends avec mon masque et je m'arrête à 20 mètres seulement. Puis je me retourne et saisis la corde pour prendre le temps de regarder autour de moi et, surtout, au-dessus de moi. Je ne suis pas enfermée sous la surface solide mais protégée par une voûte vert jade et translucide qui s'étend à l'infini. Le seul point de lumière directe, l'œil vert céleste par lequel je suis entrée dans l'eau, me semble minuscule et pourtant proche. La beauté des rayons du soleil qui pénètrent dans la mer par cette porte divine captive mon attention et efface enfin toute crainte et tout frisson. À cet instant, la connectivité des océans ou l'énergie du seul et unique Océan gagne enfin tout mon être. Dissolution. Mon cerveau est absorbé par le merveilleux de ce paysage sous-marin et le privilège d'en être. Tout est vert, tout est lumière. J'embrasse à nouveau l'immensité de la banquise et peut-être, qui sait, son aura bienveillante.

Cette plongée sans enjeu effaçait enfin l'empreinte inquiétante de la précédente. Grâce à elle, tout était redevenu possible ! *Imaqa !* S'immerger ne doit jamais être une souffrance ou une obligation. Si, le lendemain, je devais renoncer parce que la nature polaire avait raison de moi, je le ferais, et ce serait pour les bonnes raisons. Pour l'heure j'avais au moins retrouvé l'envie de plonger et c'était l'essentiel.

Après cet après-midi de plongée difficile, j'eus besoin de marcher seule pour me ressourcer. C'est dans la monotonie et le rythme régulier de mes pas sur la glace que je retrouvais enfin le calme intérieur. Je laissais alors mon esprit se prêter au jeu des correspondances pour puiser l'énergie de ma prochaine plongée polaire dans le souvenir des Bahamas.

Quel contraste ! Cinq mois plus tôt, je me trouvais sur l'île de Long Island. L'eau turquoise frisait les 28 degrés en plein mois de décembre et je portais une combinaison de seulement un millimètre d'épaisseur. Les épreuves de la compétition avaient lieu dans le Dean's Blue Hole, un cylindre bleu de 202 mètres de profondeur, à deux pas de la plage. Il y faisait nuit dès 40 mètres de profondeur. Pour trouver la sérénité dans cette curiosité géologique, sorte de matrice calcaire issue de l'effondrement d'une grotte engloutie dans les flots, j'avais eu recours à l'histoire des premiers habitants de Long Island, les Arawaks. Il n'en restait aucun représentant sur cette île au mode de vie fortement américanisé. Seuls quelques rares Bahaméens avaient encore dans la beauté métissée de leur faciès les traits caractéristiques de ce peuple de la mer éteint. Observer les traces des rituels des Arawaks dans les cavités alentour, sentir dans le bush les plantes médicinales qu'ils utilisaient six siècles auparavant et rester des heures à regarder les étoiles s'allumer une à une à la tombée du jour, tout cela avait relié mon mental à ce puits bleu bien au-delà de l'ambition d'un résultat sportif. En cherchant secrètement le consentement de ces Indiens caraïbes disparus, j'avais fini par comprendre la dimension sacrée de cet œil bleu abyssal. Mon appréhension indicible à l'explorer s'était transformée en une sorte de fierté intérieure, celle de plonger, sans le dire, pour célébrer la mémoire des Arawaks. Grâce à eux, après quelques plongées d'entraînement, je finis par accepter l'obscurité de ce cénote et j'y atteignis 82 mètres[1], ma plus profonde plongée à ce jour. C'était la deuxième fois que je ressentais l'inspiration bienveillante d'un peuple premier dans ma discipline. La première fois, c'était en plongeant près de vestiges mayas dans le cénote des nuages au Mexique, et la troisième fois, c'était ici, au Groenland, au contact d'un peuple premier non pas décimé, mais bien vivant. C'est pourquoi elle avait encore plus de sens. L'amitié de Miki, et l'émerveillement de sa première plongée quelques jours

1. Record de France de poids constant en décembre 2014.

auparavant, m'indiquait le chemin à suivre. Cette association de pensée au fil de mes pas sur l'infinie page blanche me rappelait d'ailleurs la définition que vous donnez des Peuples Racines dans votre ouvrage *Terre mère* :

> L'homme n'est pas venu sur Terre pour domestiquer la Nature, mais pour s'y intégrer en la respectant. Depuis des millénaires, les Peuples Racines le savent. Ce n'est pas par hasard qu'ils résistent dans toutes les contrées du Monde : en Amazonie, en Afrique, en Australie. Ils ne sont pas en arrière de l'Histoire. Ils sont en réserve pour être nos éclaireurs et nous protéger de nos folies en rappelant les lois éternelles.

Cette marche m'avait ramenée à un point d'équilibre et à la complicité que j'avais avec les Inuits. C'est pourquoi le soir même, dans la maison rouge, je lisais bien au chaud dans mon duvet, le livre sur le mythe de Sedna que les enfants de l'école m'avaient prêté. Ils y avaient glissé en cadeau des dessins entre les pages, des dessins magnifiques qui montraient comment ils imaginaient mes plongées. Et j'en compris mieux la signification en lisant la légende.

> Une jeune femme qui tardait à choisir un prétendant fut mariée par son père à un inconnu. L'homme mystérieux emmena au plus vite son épouse vivre dans son île. Et c'est seulement là, isolée et sans aucun secours possible, que la jeune fille aux longs cheveux d'ébène découvrit un sorcier mi-homme, mi-corbeau qui n'avait aucun amour pour elle. Quand le père de Sedna entendit ses cris de désespoir voyager

sur les flots jusqu'à lui, il se saisit d'un canot pour aller la chercher. Sedna s'enfuit sans se faire prier pour rejoindre le bateau de son père. Mais le chaman malveillant et furieux d'avoir été trompé, démonta la mer pour les empêcher de repartir. Alors, le père de Sedna, paniqué, la jeta par-dessus bord pour alléger l'esquif. Elle nagea de toutes ses forces pour rattraper l'embarcation et s'y accrocher. C'était sans compter la traîtrise de son père : quand elle le supplia de la repêcher, ce dernier préféra couper ses doigts gelés d'un violent coup de pagaie pour l'empêcher de monter à bord. Sedna, impuissante, se laissa couler dans les abysses polaires qui transformèrent ses doigts épars en baleines boréales, en poissons, en bélugas, en phoques, en morses et autres créatures marines pacifiques. Ces dernières l'accompagneraient éternellement désormais et elles pourraient se réfugier dans ses cheveux au moindre danger. C'est ainsi que Sedna devint la gardienne sacrée de l'océan Arctique, celle à qui on doit promettre à tout jamais de respecter les femmes et la vie marine.

Je comprenais mieux à présent le sourire de Miki et l'allusion qu'il avait faite à Sedna à la vue de mes mains sans doigts dans les moufles. La croyance inuite pour ce mythe perdure et certains chamans, bienveillants ceux-là… relient encore aujourd'hui les mauvaises pêches ou les grandes tempêtes à la colère de Sedna : celle-ci surviendrait quand son immense chevelure s'emmêle alors qu'elle n'a plus de mains pour la coiffer. C'est pourquoi les chamans utilisent dans certaines de leurs incantations un grand peigne propitiatoire.

Le lendemain matin, je sentis dès le réveil qu'un profond sommeil réparateur avait effacé dans la nuit la fatigue qui avait plombé mes plongées la veille. Je claquai la porte de la maison rouge avec l'envie de plonger. Peu importe la profondeur, il fallait que j'aille voir au fond. Demi-tour ! j'avais oublié quelque chose… Je remontai les escaliers à la hâte, pour aller chercher dans la cuisine le seul objet de la maison rouge qui ressemblait à un peigne : une fourchette. Une demi-heure plus tard, après avoir rouvert à la *tooq* le trou qui avait gelé dans la nuit, je m'assis comme la veille, la palme dans l'eau, et j'y laissai discrètement tomber la fourchette. Discrètement, car je ne voulais pas risquer d'être qualifiée de « plongeuse superstitieuse » par mes amis français. Pourtant, ce geste symbolique comptait pour moi. Il voulait signifier ma sensibilité pour la cosmogonie inuite et l'espoir que les chamans qui en sont gardiens ne disparaissent jamais. Il reliait mes immersions à la légende de Sedna comme les enfants et Miki l'avaient fait avant moi. Je trouvais là une communication non verbale avec l'océan Arctique. C'était ma façon de lui dire : « La diversité de ta vie, l'étrangeté de tes légendes, le peuple qui vit respectueusement avec tes ressources, la pureté de la banquise qui te sépare du ciel, tout de toi me ravit et me donne envie de découvrir ta profondeur, même si j'en ai peur. » Je voulais croire ce matin-là que cette vulgaire fourchette, ce peigne de fortune, appellerait la bienveillance de celle qui régnait sur l'ordre naturel des abysses du fjord d'Uummannaq – et pourquoi pas ?

Quelques minutes plus tard, enfin tranquille dans l'eau, je comprenais mon erreur du jour précédent : j'avais sous-estimé l'effet du froid sur le visage. En effet, j'avais utilisé jusque-là un masque pour toutes mes plongées horizontales sous la banquise. Mais je pratiquais le poids constant avec un pince-nez pour faciliter la compensation de la pression exercée par la profondeur sur les tympans. Aussi mon visage, la seule partie nue de mon corps, baignait dans une eau à moins 1,5 degré. Cette fois, pour laisser le temps à ma peau de s'habituer, j'immergeais ma face en respirant calmement dans un tuba pour une durée indéterminée. Bientôt, mon visage était complètement accoutumé, je ne sentais plus la brûlure sur mon front et les sinus ne me pinçaient plus au-dessus de mes sourcils. J'étais prête pour tenter 50 mètres avec la liberté absolue de faire demi-tour à la moindre mauvaise sensation. Il se produisit alors une chose totalement inattendue sous l'eau.

> Je descends plus tranquillement que le jour précédent. Les contractions de ma gorge ont disparu. Passé 15 mètres, quand l'eau passe du vert citron au vert bouteille, mes appréhensions reviennent et j'hésite à tourner. Soudain, je vous entends me dire, cher Jean Malaurie : « Et si je peux, en vous tenant la main, vous donner de nouvelles forces d'exploration, de découverte et de sensibilité extrême dans les profondeurs de l'Arctique, je le ferai. » C'est étrange, les mots vous m'aviez dits au téléphone avant mon départ refont surface à l'instant précis où j'en ai besoin pour quitter la peur de l'inconnu. Je repense alors au chemin de lumière que j'ai

vu la veille et je fixe mes yeux sur la corde qui rejoint la surface, cordon ombilical qui me relie à la terre mère. Puis je relâche mes cervicales et mes épaules pour mieux accepter la pression glaciale de la colonne d'eau et je me laisse couler en ne pensant qu'à une seule chose : « surtout ne rien penser. » Limiter son imaginaire. S'accorder du vide. Il n'y avait rien dans ce fjord, ni courant, ni requins des glaces, ni déesse courroucée, rien que je ne puisse voir en tout cas. C'est peut-être ce néant que je n'osais pas affronter hier.

Dans cette plongée, votre voix grave et positive m'a réellement prise par la main pour aller au fond. Elle m'a rappelé le lien sacré que vous aviez tissé avec cet environnement polaire inhospitalier et avec votre compagnon inuk Kutsikitsoq lors de votre périple pour atteindre tous deux en traîneau le pôle Nord géomagnétique le 29 mai 1951. Cette victoire partagée reliait enfin l'homme occidental aux esprits de la nature arctique et à son peuple. Elle donnait un nouveau souffle à l'exploration polaire, un souffle ethnologique qui tranchait avec le patriotisme des exploits du début du siècle.

Cette plongée accompagnée à 50 mètres, une autre plongée décisive, m'avait redonné confiance. Le lendemain, j'ai finalement réalisé mon deuxième record du monde sous la banquise : 57 mètres, la plus profonde plongée en apnée sous la glace. Au-delà du chiffre, il fixait surtout dans ma mémoire l'expérience d'une crise et de sa résolution en cherchant la syntonie avec les milieux naturel et humain qui m'entourent.

La face cachée d'un iceberg de la Kangia

Cap sur l'icefjord ! Après avoir quitté le fjord d'Uummannaq, je me suis envolée pour Ilulissat, « la ville des icebergs » comme l'appellent les Groenlandais. Nourrie par la philosophie de l'*imaqa* que m'avaient enseignée les Inuits d'Ikerasak, j'envisageais une nouvelle aventure complètement imprévue dans ce voyage : plonger le long d'un iceberg dans l'eau libre de la Kangia[1]. Par chance, le temps était clair et nous pûmes embrasser dans le ciel l'immensité de l'inlandsis et l'icefjord. Après tant de temps passé sous la banquise, cette vision aérienne était une respiration. Tout ce que j'avais imaginé à partir du glacier Store se précisait ici. Je voyais enfin de mes propres yeux la calotte glaciaire et prenais conscience de ses dimensions. Je remontais même le temps et imaginais trois grains de vanille sur cette grosse meringue glacée toute craquelée : les trois traîneaux de l'Expédition française Trans-Groenland menée par Paul-Émile Victor en 1936. Quarante-cinq jours, sans aucun secours possible, pour traverser l'inlandsis d'ouest en est avec ses trois camarades. Leur exploit sportif pionnier avait aussi un but scientifique pionnier : sonder pour la première fois cette glace et l'analyser. Depuis, les carottages ont permis d'estimer son épaisseur à plus de 2 000 mètres et son âge

1. Kangia : nom groenlandais donné au fjord d'Ilulissat, classé au patrimoine mondial de l'Unesco en 2004.

le plus ancien à 150 000 ans. Paul-Émile Victor ne savait pas à l'époque que l'air contenu dans ces glaces fossiles comme dans celles de l'inlandsis antarctique révélerait bientôt aux scientifiques l'essentiel de l'histoire du climat de la Terre. Et il ne savait pas non plus qu'un réchauffement climatique allait survenir quelques décennies plus tard et que l'inlandsis en serait un témoin majeur.

À travers mon hublot, je regardais, à l'ouest, la calotte glaciaire se déverser dans l'immense fjord glacé. Une baie longue de 70 kilomètres au fond de laquelle se trouvait le « grand frère » du glacier Store : le Sermeq Kujalleq. Un autre glacier émissaire, mais pas n'importe lequel : le plus grand, le plus rapide et le plus actif de l'hémisphère Nord. Autrement dit, c'est celui qui produit le plus de glace, avec environ 10 % de l'ensemble des icebergs du Groenland. Mais ce qui attirait le plus mon attention, c'était la valeur scientifique de ce glacier. En effet, c'est parce que les glaciologues suivent son évolution depuis deux cent cinquante ans qu'ils ont pu démontrer concrètement l'existence du réchauffement climatique avec trois indicateurs clés très explicites : le recul du front glaciaire[1] du Sermeq Kujalleq à l'intérieur du fjord – évalué à 40 kilomètres en deux cent cinquante ans, l'accélération de l'écoulement du glacier vers la mer, soit 47 mètres par jour aujourd'hui contre 17 mètres en 1985, et l'augmentation massive de

1. Le front glaciaire est la ligne où le glacier découpe des icebergs dans la calotte glaciaire, phénomène appelé « vêlage ».

la production d'icebergs avec dix fois plus de glace déversée aujourd'hui dans le fjord (vêlage annuel de plus de 35 kilomètres carrés) que dix ans auparavant. Du ciel, je voyais très bien tout le cheminement des icebergs jusqu'à l'océan libre de glace et ceux qui m'intéressaient le plus à l'entrée du fjord. C'est là que je voulais plonger, c'est là que je voulais être un point d'humanité dans l'immensité de la Kangia. Mais à cet instant, je n'avais aucune idée de la faisabilité de mon projet.

Dès mon arrivée, je me pointai sur le port d'Ilulissat avec ma monopalme sur le dos. Par chance, le premier Inuit que je rencontrai, Qonuq, un jeune instituteur, me dit qu'il connaissait un plongeur inuit scaphandrier, chargé de vérifier les coques des grands navires en escale. Dix minutes plus tard, nous nous retrouvions tous les trois au petit bar du coin et je leur exposais mon plan. Ils ne me laissèrent pas m'enthousiasmer longtemps. Si le paysage maritime que j'avais contemplé depuis le ciel était devenu mon idée fixe, il était pour eux une source de danger quotidien. Les pêcheurs qui naviguent à l'embouchure du Sermeq Kujalleq ne tentent pas les diables bleus. Ils passent au plus loin de ces icebergs géants et ne s'y arrêtent jamais, ayant tous à l'esprit leur retournement possible et les tsunamis qu'ils déclenchent alors.

Nul doute qu'il aurait été impossible de trouver en France, à distance, des Groenlandais pour m'accompagner. Je pense que, si j'ai réussi à convaincre Qonuq et Michael, c'est parce que j'ai été à l'écoute de leur expérience, de leur sagesse, mais aussi de leur soif de découverte. Ils entraient dans l'aventure à deux conditions : choisir eux-mêmes l'iceberg de la plongée et ne pas laisser le bateau sur place. Autrement dit, Qonuq nous déposerait et reviendrait nous rechercher après la plongée.

Nous voilà donc partis le lendemain matin sur le petit bateau de Qonuq, avec cette équipe fraîchement constituée. Durant la navigation qui nous rapprochait de l'entrée de l'icefjord, je faisais taire mon engouement et mon impatience. Il fallait que je les laisse trouver l'élu en toute objectivité. Et résolument, ce dernier ne serait pas le plus beau et le plus haut, mais le plus immobile et le plus sûr. Nous en avons vu de toutes les formes en chemin. Des arches gris-bleu érodées et prêtes à s'écrouler, des falaises flottantes dépassant largement 50 mètres de haut qui montraient toute une palette de bleus dans leur stratification, et enfin des icebergs de forme plus tabulaire qui montraient une relative stabilité. Nous nous sommes arrêtés à côté de l'un d'entre eux dont l'assise – avec une longueur d'une centaine de mètres et une hauteur d'une trentaine – rassurait Qonuq et Michael.

Michael s'est équipé d'une combinaison sèche : l'air contenu dans sa combinaison l'isolerait bientôt complètement du froid sous l'eau. Pour ma part, j'enfilai comme d'habitude ma combinaison avec du savon, et je trouvai dans l'eau un confort inattendu : habituée à la température négative de l'océan sous la banquise, pour la première fois du voyage je n'avais pas froid dans l'eau.

Comme convenu, Qonuq, toujours effrayé à l'idée de rester aux abords de l'iceberg, prit le large. Nous voilà livrés à nous-mêmes, deux plongeurs au milieu des titans bleus de la Kangia, menant une courte discussion pour établir un plan de plongée. Michael se positionnerait à une trentaine de mètres et je viendrais à sa rencontre dans ces eaux-là... Je ne prendrais volontairement pas de profondimètre pour ne pas être tentée d'atteindre une profondeur particulière et m'en tenir à mon intuition.

Dès les premiers mètres, l'étrangeté des paysages sculptés dans la glace saisit mon être tout entier. Juste sous la surface, des formes blanches, rondes et généreuses, presque maternelles, reflètent le soleil éclatant donnant à l'eau la couleur turquoise des lagons polynésiens. Puis, à 5 mètres de profondeur, ces monts et merveilles laissent place à un interminable tombant vertical de plus en plus sombre. Il est martelé de dépressions circulaires régulières, si régulières que ce mur évoque les célèbres pierres à cupules préhistoriques creusées par la main de l'homme pour une raison indéterminée. Face à la beauté d'une telle organisation géométrique, on serait presque tenté de penser qu'elle n'est pas naturelle mais voulue.

Lorsque j'arrête de palmer pour me laisser couler le long de cette paroi glacée mystérieuse, d'inévitables questions font surface, parmi lesquelles : « Cet iceberg touche-t-il le fond ou dérive-t-il ? Est-il longé par des courants sous-marins ? Et si oui, à quelle profondeur ? » Pourtant, je reste calme. Je suis à l'écoute de ce Léviathan endormi qui semble presque vivant et pour le moment inoffensif.

Vers 20 mètres, je remarque un changement sur ses flancs : les cupules ont laissé place à de longs canyons verticaux. Cela me rappelle étonnamment les cicatrices parallèles observées sur la peau des dugongs au Vanuatu, qui sont peut-être les traces de leurs passages au-dessus des coraux peu profonds. Je ne m'attendais pas à une érosion sous-marine aussi complexe. Quelle est la raison d'être de ces talwegs redressés à 90 degrés ? Des rivières verticales s'écouleraient-elles ici dans les abîmes de l'Arctique ? Je suis tentée de nager en suivant leur chemin, mais quelque chose m'interdit de m'en approcher. J'entends à présent le bruit des bulles de Michael : un soupir de soulagement humain dans ce décor sublime mais inhumain. Pourtant, quand j'arrive à son niveau, impossible de croiser son regard : il palme à toute vitesse vers la surface. « A-t-il un problème ? » Je fais demi-tour et remonte immédiatement pour le savoir, en prenant soin de rester à distance de ces canyons aussi attractifs qu'inquiétants. Leur lit accueille-t-il le chant des sirènes hyperboréales courroucées ?

On aurait tort de se croire supérieurs avec notre pensée cartésienne occidentale. Le long de cet iceberg enfanté par l'inlandsis, le monde invisible des Inuits décrit par les derniers chamans n'est pas une vue de l'esprit. À cet instant, cet univers sous-jacent se dévoile à moi. Les formes contournées et creusées dans la glace deviennent de plus en plus oppressantes. En remontant vers la surface, les canyons de l'iceberg deviennent dans mon esprit les lignes bleues et noires des crevasses menaçantes de la mer de Glace à Chamonix. Une main chaotique les a ici déplacées, retournées et animées comme de vulgaires marionnettes. Plus haut, les cupules sont les crânes d'une fosse commune, comme j'en avais vu sous l'eau dans un site archéologique du Yucatán. L'iceberg est en train de réveiller des visions sombres et enfouies dans mon passé et il en crée de nouvelles, comme ces visages polymorphes dont je distingue à présent les traits dans les anfractuosités de la glace. Je reconnais là les figures des tupilaks inuits sculptés dans des os de mammifères marins. La légende veut que les magiciens maléfiques qui ont fabriqué ces figures surnaturelles inspirées de plusieurs animaux les jettent à la mer et leur destine une proie à dévorer. Le plus effrayant est que je vis toutes ces impressions anxiogènes avec la plus grande lucidité. Seule échappatoire possible pour mon cerveau : la dérision. « Non, je ne suis pas l'amuse-bouche d'un tupilak », me dis-je en m'efforçant d'esquisser un sourire.

Étrange coïncidence, quand même, que de trouver l'évocation de cette magie noire sur les flancs immaculés d'un iceberg. C'est peut-être le signe que je n'ai rien à faire là. Justement, en me rapprochant enfin de la lumière du ciel, je passe à travers une couche d'eau laiteuse et retrouve enfin la glace arrondie qui m'avait accueillie au départ dans les eaux bleu polynésien. Et l'angoisse des tupilaks de disparaître enfin dans ce souffle maternel. Avant de percer la surface, je distingue par transparence la silhouette aérienne de l'iceberg et suis rassurée de voir que Michael fait ici tranquillement son palier de décompression à 5 mètres. Retour dans le monde visible des terriens.

Au moment de reprendre ma respiration, je me sens plus vivante que jamais. Cette immersion sous le signe de la pensée d'Emerson – « Celui qui ne cherche pas à vaincre ses peurs chaque jour n'a rien appris du secret de la vie » – m'avait comme renouvelée intérieurement.

Je m'approche de Michael qui vient de faire surface à son tour. Une fois sécurisé et son gilet gonflé, il me raconte que juste avant notre rencontre, il s'était approché d'un canyon vertical pour prendre des photos. Et il y avait trouvé un courant sous-marin qui l'emportait lentement vers le fond. Je l'avais rencontré au moment où il venait d'en sortir en palmant de toutes ses forces. Le danger que j'avais pressenti était donc bien réel. Et cet interdit que j'avais entendu sous l'eau était peut-être une expression de « la prescience » dont vous parlez pour les peuples premiers. L'iceberg avait-il réveillé l'instinct de survie enfoui en chacun de nous sous l'épaisse couche stratigraphique de la révolution industrielle et du confort matériel ?

Pendant longtemps, je n'ai pas pu reparler de cette plongée, sans doute par crainte d'être incomprise. Si j'ose mettre des mots sur cette expérience aujourd'hui, c'est parce qu'elle m'a rapprochée, le temps d'une apnée, de la pensée sauvage inuite. Cette poussière géante de la calotte glaciaire avait ouvert mon champ de perception et je comprenais mieux que les Inuits puissent écouter le chant des esprits du chaos et de la vie.

Si l'immersion est aussi un acte symbolique, qui peut provoquer la résurgence de pensées primitives et presque animistes, c'est sans doute parce qu'en mer, en apnée, l'homme quitte son habit social et reprend sa peau animale. Le plongeur libre est un être humain nu, délesté de la technologie et dépouillé de l'Histoire, qui revient sous l'eau à la toute première force de ses sens. Il redevient alors, comme les Inuits, un « être naturé », c'est-à-dire au sein de l'ordre naturel des choses, reconnaissant ses propres limites autant que la toute-puissance de la nature qui l'entoure. Craindre celle-ci n'est pas une marque de faiblesse mais d'intelligence. Retrouver ce rapport de force descendant dont parlent les Inuits est vital à l'heure de l'anthropocène. « Nous ne croyons pas, nous craignons », confia un jour un chaman inuit à l'ethnologue Knud Rasmussen pour lui expliquer son approche spirituelle du cosmos. C'est ce que les mille visages sous-marins de l'iceberg m'avaient rappelé dans cette plongée.

Avant de remonter à bord du bateau de Qonuq, j'examine une dernière fois cet iceberg que je ne reverrai jamais. Une bande de glace bleu topaze oblique en travers de son mur blanc attire mon attention. Je la regarde comme un géologue regarde une couche stratigraphique. Bien sûr, je ne peux pas lui donner un âge, mais plurimillénaire, elle l'est sûrement. Elle me ramène à la vision aérienne que j'avais eue dans l'avion : du temps où cette ligne de glace affleurait, du temps où elle voyait le ciel, elle était encore accrochée à l'inlandsis. Je la suis de la main sous l'eau, le temps d'une apnée contemplative, et une émotion ineffable me gagne. Ce geste me relie soudain à l'échelle des temps géologiques et me renvoie à l'insignifiance temporelle des choses humaines. Il plonge mon être dans plus grand que soi et dans plus loin que soi. La pensée de Marc Aurèle avait déteint sur moi : en méditant sur la transformation de cette glace millénaire, je pouvais enfin « embrasser par la pensée le monde tout entier » et « réfléchir à l'éternelle durée ».

Plus tard, en lisant vos mémoires[1], cette expérience temporelle m'a aussi rapprochée de votre premier voyage au Groenland en 1948, car il vous avait donné une émotion similaire au contact de la première ère géologique de la terre. « Le Groenland est le socle des plus anciennes roches de l'histoire de la Terre. En avril 1948, en tant que géographe-physicien de l'expédition polaire française dirigée par Paul-Émile Victor, j'ai pu toucher, avec une extrême émotion, des affleurements minéraux datant de 3,5 milliards d'années ». En lisant ces mots j'ai immédiatement retrouvé la ligne de vie bleu topaze de l'iceberg de la Kangia. Merci.

Cher ami de la pensée sauvage, plus que cette banquise céleste que j'ai devant les yeux, je vous envoie dans cette lettre toute la bienveillance et la beauté des paysages arctiques sous-marins que j'ai parcourus et je vous remercie encore et toujours de m'avoir encouragée à faire ce premier voyage en Arctique.

Puissiez-vous, cher Jean Malaurie, demeurer le parrain de mes futures aventures polaires !

Votre dévouée filleule,

Aurore

1. Article paru dans *Geo* le 10 octobre 2019 : « Amis Inuits, résistez ! », plaidoyer de Jean Malaurie en faveur de l'indépendance du Groenland.

Daphné Buiron

Objectif Antarctique

Passionnée par les sciences et les régions polaires, Daphné Buiron possède un doctorat en glaciologie portant sur l'analyse du climat dans les carottes de glaces. En 2012, elle hiverne un an sur la base australe Dumont-d'Urville comme chimiste. En 2017, elle co-écrit un premier ouvrage consacré à l'histoire du brise-glace l'Astrolabe. *Depuis, elle continue d'explorer le monde comme guide conférencière, journaliste ou scientifique et partage ses impressions à travers la photographie et l'écriture.*

La bulle d'air a 85 000 ans. La glace qui l'entoure 87 000. Écrasées à 2 kilomètres de profondeur sous ce dôme abandonné au cœur de l'Antarctique, il y fait noir et silencieux depuis une éternité. Pourtant, ce matin, le manteau glaciaire vibre fort. Ça a commencé il y a plusieurs jours déjà. Des tressaillements, accompagnés d'un bourdonnement sourd qui se rapproche. Un outil creuse, provoque un séisme à travers la calotte. Soudain, c'est le chaos. L'explosion gigantesque. Un trou béant s'ouvre au-dessus des minuscules bulles emprisonnées dans leur étau de cristaux bleus. Le poids de la gravité s'envole d'un seul coup, la pression écrasante éclate. Les grains sont comme aspirés par le ciel. Des mains soulèvent doucement le fragment cylindrique de la calotte. Au-dessus, une lumière filtre de plus en plus vive : le soleil dur de l'été austral. La glace fragile fondrait sur place si le contact avec les rayons était direct. Mais les mains attentionnées ont pris soin de dresser une tente devant ce feu. On porte avec délicatesse le barreau, on le mesure, on lui fait subir tout un tas d'examens, on prend sa température, on estime sa santé. Puis on le recouvre d'un film plastique protecteur. On cadenasse avec des agrafes, on le dépose dans une grande caisse en bois au côté d'échantillons similaires. Le couvercle se referme. De nouveau, le noir. Des voix étouffées.

Les glaciologues reprennent le travail. Les conditions sont difficiles. Ils souffrent du froid, de la fatigue, des brûlures. Ils n'ont que quelques semaines pour venir à bout du forage. Il reste plusieurs centaines de carottes à extraire. Ensuite, l'automne viendra et les températures ne seront plus vivables. Il faudra redescendre, rapporter les précieuses malles au bateau, protéger la glace cassante comme du verre, refaire le long chemin jusqu'en Europe où les échantillons seront stockés dans une chambre froide. Quelques mois plus tard, des mains nues et timides viendront ouvrir ces mêmes caisses en tremblant d'émotion.

Ces mains-là, ce sont les miennes. Nous sommes en 2008. J'ai vingt-cinq ans. Devant mes yeux s'alignent des cylindres blancs sur lesquels il est écrit au feutre : *Vostok, Dôme C, Talos Dôme.* Je hume l'odeur du bois humide, de la glace. L'odeur de là-bas, du bateau, de l'océan. Je rencontre pour la toute première fois l'Antarctique dans l'obscurité de cet immense hangar. Chaque centimètre carré de ces échantillons est sacré à mes yeux. J'ai la responsabilité de les étudier, les découper, les analyser. La valeur scientifique (et financière) de la glace est inestimable. Elle contient la sueur de ceux qui l'ont extraite, la patience de la nature qui l'a formée, des morceaux d'atmosphère, des cendres de volcans, des empreintes de vent, de sel. L'Antarctique tout entier. Dans ce petit barreau à l'apparence vide s'est invitée l'histoire environnementale du monde. Je suis de ces archéologues qui tentent de la déchiffrer. J'apprends à connaître le continent austral avant de le rencontrer. Je fouille un peu dans son passé.

Deux ans plus tard, je publierai une thèse, comme un biographe dépeint avec passion la vie du héros dont il fut, pour un temps, le confident. Au milieu des tuyaux, des pompes, des vannes, j'échange ainsi quelques heures complices avec le Grand Blanc, et les chiffres qui s'illuminent sur l'écran parlent une langue codée que je connais déjà.

Objectif lune blanche

Est-ce la science qui m'a poussée à l'aventure ou le besoin d'aventure qui m'a fait choisir la science ? Je me pose encore la question. D'aussi longtemps que je m'en souvienne, j'ai toujours été passionnée par la terre et le vivant, le volcanisme, la tectonique des plaques, la reproduction des plantes, la cartographie, la faune marine, le fonctionnement des océans et des étoiles. Une enfance immergée dans la nature, une éducation à l'écologie, mais aussi un petit quelque chose d'inné, une appétence particulière pour l'exploration. Je voulais connaître le nom des arbres, pourquoi ils changeaient de couleur, les oiseaux qui les habitaient, les noms des fleurs, des papillons, des nuages dans lesquels s'accrochaient les branches. Au collège, la science répondait à mes questionnements d'une manière accessible. Elle permettait de mieux apprécier la valeur et les fragilités des paysages. Si la planète me fascinait, les humains, en revanche, m'attiraient beaucoup moins. Étroits, tristes, aveugles, c'est ainsi que je les voyais. Je les ai vite dénigrés au profit des animaux, des plantes, des roches, du minéral, du vide astral. J'ignorais les disciplines dites « sciences de l'innovation », qui cherchaient à créer ce qui n'existait pas, avec une visée de confort, de consommation, de contrôle. Terre à terre, je ne croyais que ce que je voyais, ne jurais que par les faits, mais j'espérais que l'inconnu serait beaucoup plus grand que ce qu'il laissait entendre. À quinze ans, les sciences naturelles inspirent la fiction. Elles trouvent résonance dans les écrits de Jules Verne ou de Bernard Werber. J'aimais ces auteurs qui osaient franchir les limites du connu pour y insérer un soupçon de surnaturel, de réalités nouvelles, là où l'avéré laissait d'étroites brèches à l'imagination. Leurs théories m'attiraient plus que la dite réalité. J'habitais leur monde scientifico-fantastique.

Le métier de mes rêves changeait au fil des thèmes abordés en classe. Ainsi, je me projetais archéologue, vulcanologue, géologue, biologiste marin, biologiste des végétaux, météorologue et enfin, astronaute. As-tro-naute. La science ultime, mêlée à l'aventure ultime. Quitter la terre, voler ! Partir observer ce qui se passe dans les étoiles, chercher dans leurs poussières les vestiges de nos naissances.

Cela me tint longtemps. Jusqu'au lycée je n'en démordais pas. Je serais astronaute, quoi qu'on dise ! Mais au fil des classes, la poésie fit place aux mathématiques, aux lois physiques, aux chiffres, et mon entrain perdit de ses couleurs. Face aux murs infranchissables des études et des capacités physiques nécessaires, mon rêve d'univers finit par s'écrouler. Les étoiles, une à une, s'éteignirent, jusqu'à ce que ne reste dans mon ciel qu'une lune. Je pus alors l'observer plus distinctement. Elle était blanche. J'avais seize ans. Je venais de découvrir l'existence de l'Antarctique.

On le décrivait comme un éden peu exploré, un continent vierge d'humains, sauvage, n'appartenant à aucune nation. Une sorte d'arche de Noé protégée des civilisations par les conditions extrêmes qui y régnaient. Le « Paradis blanc » de Michel Berger avait nouvellement attisé la curiosité des climatologues. Les sciences et les expéditions y étaient les seules activités permises. Les manchots, les oiseaux, les baleines et les phoques les uniques habitants. Le continent austral. Une lune à ma portée. J'allais pouvoir la décrocher.

Des mots nouveaux résonnèrent à mes oreilles : carottes de glace, Claude Lorius, terre Adélie, hivernage, empereurs. En quelques jours, une passion fulgurante m'étreignit, l'évidence d'une mission et d'un territoire qui m'attendaient. Je serais glaciologue en Antarctique et, cette fois, personne n'y changerait rien ! L'Antarctique. L'Antarctique avant la science, avant les voyages, avant l'aventure, avant la glaciologie, les études, la carrière, la vie présente, avant tout le reste. Juste l'Antarctique. Lorsque l'objectif s'affine, devient un point unique au bout du paysage, l'atteindre n'est plus qu'un jeu d'enfant. Il suffit d'aller tout droit, de courir sur le tapis qui se déroule au fil des pas et des rencontres, attraper les mains tendues, ne négliger aucun signe, aucun conseil, aucune audace. Se nourrir de confiance. Je gagnais ma course folle, décrochais des diplômes comme des fleurs que l'on cueille sans même y songer. En 2005, je poussais pour la première fois les portes du laboratoire de glaciologie de Grenoble. En découvrant les photographies des missions australes, les malles des hivernants alignées contre les murs, les images des manchots, les cartes recouvertes de noms enchanteurs que les personnes croisées prononçaient nonchalamment, je sus que je venais de rejoindre ma tribu. Je n'en ressortis que six années plus tard, le temps nécessaire pour obtenir un ticket pour l'Antarctique.

La science sans l'aventure

Je m'engageais ainsi dans la voie de la recherche scientifique. On présentait la science comme cet ensemble de savoirs que l'humain souhaite acquérir dans sa soif de comprendre ce qui l'entoure et qui il est. Elle faisait appel à des réflexions, des études ou des expériences pratiques. Elle se voulait relative aux faits, aux observations claires des choses « telles qu'elles sont », lorsque accessibles à nos sens. Les sciences avancent des hypothèses, suivent des protocoles, observent, collectent, inventent des outils, modélisent puis tirent, ou non, un résultat probant. Et recommencent. Pour obtenir le droit de se dire « scientifique », il fallait apprendre d'abord les découvertes des pionniers, se hisser sur le sommet pointu de leurs connaissances et, seulement alors, apercevoir au bas de cette montagne l'immense inconnu qu'il restait à explorer. Pour l'aborder, pas d'autre choix que de redescendre de l'autre côté, pratiquer l'art de désapprendre, mettre en doute, oser de nouveaux regards. Je m'avançais sur un chemin parfois brumeux, j'observais que, quels que soient les objectifs de ces *docteurs* (soigner la terre, les humains, ou se soigner soi-même d'un grand vide intérieur), ils s'y appliquaient avec passion. Les scientifiques observent, analysent, écoutent, mesurent, dissèquent l'infiniment petit et l'infiniment grand sans que jamais leurs questionnements ne cessent. Même en dormant, ils s'interrogent encore, et je faisais de même. Des nuits entières à rêver de la chimie du ciel, des mouvements des mers, des comportements animaliers, des couleurs, de la densité de la neige, des tressaillements de la planète et des corps humains.

La science de laboratoire, c'est l'aventure par procuration. Cela convenait, au début du moins, à la casanière pas téméraire accro aux coffee shops que j'étais. Analyser des échantillons que je n'avais pas récoltés moi-même pour les faire parler. Je traçais de beaux graphiques dont les lignes esquissaient les visages de l'Antarctique. Les yeux perdus dans le bleu de l'ordinateur, l'aventure au numérique, où comment dépérir de ne plus voir l'horizon.

En 2009, je saisis l'immense chance d'enfin partir sur le terrain. Je rejoignais pour un petit mois une campagne de forage glaciaire au sommet de la calotte groenlandaise. Plein mois d'août, atterrissage irréel sur l'inlandsis, soleil de minuit sous les tentes, premiers pas sur la glace. Le blanc à perte de vue puis, tout de suite, le travail de quart, intense et routinier. Les quarts de jour, les quarts de nuit, au rythme de l'équipe de forage. Dehors, zéro degré, moins vingt dans la tranchée sous-glaciaire qui nous accueillait, vingt-cinq degrés dans le bâtiment de vie. Une première rencontre choc avec les hautes latitudes, de celles qui inscrivent déjà des retours obligatoires.

La campagne de terrain m'avait semblé apporter à nos recherches une dimension supplémentaire qui manquait dans mon quotidien de doctorante. Quelle était la valeur réelle des vérités de laboratoire ? La science accumule des informations avant d'oser un pas dehors, quand l'aventure se dit qu'elle aurait peut-être mieux fait de se poser quelques questions avant. Notre petite communauté internationale partageait jeux et tâches ménagères entre les heures irréelles et excitantes à découper et mesurer les carottes de glace. Le corps frissonnant, le rêve au bout des doigts d'enfin participer à une aventure scientifique. Celle-ci ne recherchait pas les risques, elle les minimisait pour arriver à ses fins : 2 000 mètres de glace qui, sous nos pieds, ne demandaient qu'à parler. Des journées trop courtes écoulant des minutes éternelles et, déjà, l'heure sonne de remonter dans l'avion. Les villages inuits restèrent des taches colorées dispersées dans la neige, aperçues depuis le hublot du C130.

Grâce aux collaborations internationales, je voyageai souvent durant ces trois années, participant à des meetings de quelques jours. Cela me transportait. Je répondais à mes obligations aux quatre coins du monde puis, dès que je le pouvais, m'éclipsais des pièces sans fenêtres pour visiter les villes, humer l'air, marcher, ouvrir grands les yeux à la moindre touche d'exotisme. Je commençais à réaliser que je n'étais pas de ceux qui ne se nourrissent que de science.

Ma carrière s'esquissait, l'Antarctique s'éloignait. J'avais postulé trois fois déjà pour hiverner et essuyé autant de refus. Je n'y croyais plus. La thèse se terminait, j'allais devoir choisir une voie. Pour la première fois, je ne savais plus où diriger mes pas. La route sur laquelle je courais depuis tant d'années semblait se précipiter droit contre un mur. L'univers, alors, prit les choses en main. Un matin, une anodine taquinerie sortit de ma bouche et atteignit l'oreille du chercheur en charge du recrutement des hivernages. Une réponse vague : « Je vais me renseigner, on cherche toujours quelqu'un pour cette année. » Il se renseigna, et ce quelqu'un, ce fut moi.

La phrase a perforé le mur. Elle m'a projetée sur le quai tasmanien de Hobart, à bord du brise-glace *L'Astrolabe*, au cœur de l'océan Austral. Elle m'a déposée sur la DZ (*dropping zone*) de la base Dumont-d'Urville, au pied de la calotte Est-Antarctique. Une année entière en terre Adélie. J'avais réussi. Départ le 12 décembre 2011 pour douze jours de traversée. Douze mois sur la base, retour en 2012. J'allais sur mes vingt-huit ans. Je naviguais vers un rêve né douze ans auparavant, exactement. Douze est un symbole de recommencement, de nouveau cycle. On le dit nombre sublime.

L'hivernage : une école pour apprentis aventuriers

Hiverner, c'est vivre trois cent soixante-cinq jours ordinaires dans un décor extraordinaire. C'est regarder s'éloigner la poupe d'un navire et vivre huit mois d'isolement avant d'en apercevoir de nouveau la silhouette. L'aventure s'invite au seuil des portes, derrière chaque fenêtre, dans chaque grain de neige, bouffée d'air inspirée, dans chaque détail changeant du paysage, chaque couleur du ciel, chaque promenade sur la banquise, cri de manchot, tempête catabatique, dans chaque blizzard ou partie de pêche.

Son intensité, en revanche, est loin d'être homogène. Pour moi, le paroxysme fut atteint dès le départ, lors de la navigation vers l'Antarctique, dans ce mouvement continu qui apporte aux yeux un renouveau constant. Les émotions se bousculent, spectatrices incrédules de la réalisation d'un rêve aux décors plus fous encore que n'osait l'esquisser l'imagination. Ballottés dans les quarantièmes, le corps mis à mal, les risques extérieurs palpables, la survie remise entre les mains de l'équipage – le sentiment d'aventure est total. Le cœur tambourine, la conscience est harponnée par les secondes qui se gravent dans la chair. Comme souvent dans un voyage, la route est ce qu'il y a de plus signifiant. La traversée de l'océan Austral, marquée par la découverte progressive de glaces de plus en plus majestueuses, d'un monde dans le monde, d'une oasis de vie endémique et bouleversante, reste un des moments les plus forts de mon existence. Je ne suis jamais redescendue de *L'Astrolabe*. Ce n'est pas un hasard si, cinq années plus tard, je lui rendis hommage en publiant son histoire. L'arrivée aux abords de l'île frappa le dernier coup de théâtre : la découverte du lieu de vie. Nous avons quitté le pont, la société terrestre, sauté de l'hélicoptère pour fouler ce sol nouveau que nous reconnaissions. Comme le dit si bien David Le Breton : « Tout voyage participe de cette quête d'un lieu où exister se ferait en toute évidence, dans une sorte de reconnaissance immédiate. Chacun est en quête du lieu de sa renaissance au monde. » L'objectif est atteint à l'instant où nous réintégrons notre seconde moitié, celle qui nous a précédés depuis longtemps. À cette seconde, j'aurais pu remonter dans l'hélicoptère, rejoindre *L'Astrolabe* sans plus de frustration. Un absolu avait été atteint.

Je suis restée pourtant. J'ai retrouvé mes esprits, me suis concentrée sur le concret pour ne pas perdre pied. J'ai suivi les directives : installation, apprentissage, règles de vie, limites géographiques, distance aux animaux, gestes de sécurité, la fine glace de mer comme unique sol, les blizzards fréquents. Je n'avais pas peur. J'étais préparée et puis, tout était pensé pour, conçu pour. Il restait peu de place pour le flottement, l'aventure inédite et, encore moins, personnelle. Notre groupe de quatre femmes et vingt-cinq hommes formait un microcosme symbiotique, à l'image des empereurs qui se serraient en une tortue géante les jours de tempête. L'identité individuelle n'y avait pas sa place. Être un homme ou une femme non plus ne faisait pas grande différence. Être humain, en ces lieux, était déjà bien assez exceptionnel. La mort était omniprésente. En Antarctique, l'érosion anthropique et naturelle n'existent pas. Les cadavres de la faune s'amoncellent sur la neige durant des années. Ces corps déchiquetés font partie du quotidien. La glace les conserve et expose leur histoire. Cette vision n'a jamais soulevé de dégoût. Leur présence évidente illustre une simple phase du cycle du vivant. Sa phase la plus mystérieuse, certainement, de ces mystères dans lesquels la curiosité se perd. Je ne suis pas pressée de les élucider. Je me les garde pour la fin.

La base représentait un cocon sécurisant entouré d'un terrain de jeu extrême. Des conditions parfaites pour former des aventuriers en herbe. Nous testions nos témérités, apprenions à évoluer dans le désert, à écouter les voix intérieures qui encouragent, se moquent, réconfortent, à développer des armes contre l'inquiétude, l'hésitation. Avancer à petits pas, suivre les autres, chanter cette musique, fixer le beau, respirer, penser à la joie d'oser aller plus loin. Chaque sortie était systématiquement récompensée par une belle surprise offerte par la nature : un oiseau perdu, une lumière, une sculpture ciselée dans la glace. Jamais nous ne revenions bredouilles. L'émerveillement était à portée de main. Un enseignement qui allait me servir pour le reste de ma vie.

J'habitais l'Antarctique, et dans cette vie, j'allais tous les jours au travail. Il correspondait aux travaux scientifiques. Notre mission n'avait rien d'une courte campagne visant à récolter des données avant de rentrer les analyser. Nous agissions en petites mains pour la maintenance d'observatoires de chimie et de glaciologie. Nous œuvrions pour une science de long terme qui avait existé avant et continuerait d'exister après nous. Une science de lenteur, de celles où il faut attendre trente ans pour en extraire des résultats. En trouver le sens au quotidien revenait à effectuer ces activités comme n'importe quelles tâches, à accepter que les grandes compréhensions du monde requièrent l'implication de plusieurs générations. Pas d'urgence donc, mais du temps pour observer, enregistrer, corriger, obtenir un jeu de données fiables. Nous nous donnions du mal. Nous jouions le jeu, n'hésitions pas à affronter les blizzards pour changer les filtres de prélèvement, à briser la glace au piolet pour réparer la station météo, à tétaniser nos doigts et nos pieds durant les relevés des balises sur le glacier. Lorsque l'hivernage s'est terminé, que d'autres sont venus prendre la relève, c'est avec réserve et fierté que nous avons effectué la passation. Ce travail engendrerait-il une nouvelle ligne dans l'encyclopédie des mondes polaires ?

Peu importait. Il avait servi de raison à notre présence ici et c'est bien tout ce que nous lui demandions.

L'aventure, la vraie, s'exprimait durant les temps libres à aider les ornithologues, étudier les manchots, compter les oiseaux, mesurer les phoques, à explorer toujours plus loin les confins de notre territoire, à veiller sur notre base durant les quarts de nuit à la centrale électrique, à ressentir vibrer l'Antarctique et tenter, chaque jour, de comprendre mieux son langage.

L'aventure se révélait, sous bien des aspects, tout le contraire de la science : une quête de l'inconnu sans protocole, fortuite, singulière, vécue dans l'extraordinaire. Elle comprenait des risques, nécessitait une certaine capacité d'adaptation. Nous étions loin de la caricature du scientifique rat de laboratoire, enlisé dans ses habitudes et allergique à la vie de ses concitoyens. Le spontané contre l'intellectuel, le sentiment contre la raison. Et pourtant, science et aventure pourraient-elles exister l'une sans l'autre ? Si on les oppose parfois, l'histoire, particulièrement polaire, prouve qu'elles partagent en réalité de nombreuses similarités. L'aventure scientifique se plaît à les réunir. Il arrive toujours un moment où l'étude nécessite de vivre une expérience, d'associer aux mots des impressions palpables afin de voir s'esquisser une compréhension plus globale du monde. Dans le passé, nombre d'éléments scientifiques ont été découverts grâce aux aventuriers. Les explorateurs ont été les premiers scientifiques de terrain. Par leurs récits, leurs dessins, les objets rapportés, ils ont échantillonné l'inconnu, l'Antarctique, et l'ont offert aux savants. Un jour, les plus aguerris de ces derniers sont sortis de chez eux pour aller chercher la donnée manquante là où elle se trouvait. Alors l'aventure s'est invitée dans la science, et des chercheurs comme Jean-Baptiste Charcot, par exemple, sont devenus des explorateurs. La fièvre, parfois obsessionnelle, pour leurs quêtes en a fait des héros malgré eux. Leurs découvertes ont révolutionné nos perceptions du monde.

Les hommes courent bien souvent au-devant des mêmes questions. La science efface les frontières. Les explorateurs continuent de voyager toujours plus loin, plus haut, plus profond. Ces deux activités marchent de concert vers l'exploration de ce qui questionne, que soit en dehors ou à l'intérieur de nous. Sans nous en rendre compte, durant ces heures de face-à-face avec le territoire austral, nous ajoutions ainsi à nos données une dimension supplémentaire : l'observation sensible. Les sons, les craquements, les couleurs, les tressaillements insondables entre plumes et cristaux. La perception corporelle permet une compréhension difficile à retranscrire, mais qui insuffle la direction de chemins à creuser. Les images imprimaient dans nos corps les contours des empreintes que la vie en Antarctique allait y laisser, chacun différemment marqué, mais tous, sans exception, riches d'un je-ne-sais-quoi décalé d'avec le reste du monde. Une graine était semée. Elle commença à germer dès mon retour en France. Quelques années plus tard, ses profondes racines me pousseraient à retrouver le Grand Sud.

Notre terrain d'exploration représentait un territoire circulaire de 8 kilomètres de diamètre dont notre rocher était le centre. Il semblait pourtant immense. Le dimanche, nous partions faire *le tour de l'île*, comme les moines bouddhistes tournent autour des grands stupas sacrés, toujours dans le sens des aiguilles d'une montre pour ne pas provoquer la colère des dieux. Certains jours, nous poussions plus loin nos pérégrinations sur la banquise. Nous explorions les multiples îlots de l'archipel, arpentant avec minutie le moindre mètre carré de notre domaine, dénichant les grottes creusées dans les murs de glace, les silhouettes d'animaux sculptées dans les icebergs, les fissures idéales pour pêcher sous la glace. Les rares reliefs ébauchaient des repères nommés par nos soins.

La mystérieuse géographie des premiers jours devenait familière. Si tout change constamment dans les régions polaires, ne serait-ce que la lumière, les alentours s'avérèrent ainsi, après huit mois, soudain très étriqués. L'horizon se dressa comme un mur. Tout sentiment d'aventure avait disparu. Nous habitions l'Antarctique comme n'importe quelle région du monde, illustrant la capacité de l'humain à s'adapter à n'importe quel environnement, du moment que ses besoins vitaux sont assurés. Il possède l'art de s'établir, de dresser des repères, des jalons, maintenir des œillères pour ne pas succomber aux vertiges des trop vastes espaces. Une aptitude à se sentir chez soi dès qu'entourés d'une poignée de décorations apportées dans ses malles, de quelques premières nuits assoupis sous des draps.

Quelque chose en moi remuait. Un besoin de nouveauté vivement mis à l'épreuve. Il est quelque peu désorientant de réaliser que même au cœur de son rêve le plus grand, d'une fabuleuse aventure scientifique et humaine, la routine finit par s'inviter. Des sentiments de lassitude, presque de frustration surgissent, accompagnés de désirs de lointain, de voyages, de têtes nouvelles, d'une remise en mouvement. Je réalisais que, quel que soit le lieu de ma sédentarisation, des vestiges de nomadisme attendaient d'être nourris.

Chercheur malgré soi

Comme un retour de boomerang, à l'hivernage succéda une période de dispersion totale. Plus rien d'autre ne comptait que vivre les aventures dont j'avais envie. Les voyages se sont imposés et la science est, pour un temps, passée au second plan. Après avoir déambulé en Asie, testé différents emplois, emmagasiné la chaleur et les couleurs qui avaient manqué, l'exaltation retomba enfin et, dans ce silence, l'appel des pôles retentit de nouveau. Les manchots me manquaient, les espaces englacés aussi.

En 2015, je rejoins une profession saisonnière de guide d'expédition conférencière sur des navires de croisière en Antarctique, puis en Arctique. Ce travail inhabituel, mêlant accompagnement touristique et expéditions, me permettait de découvrir d'autres régions australes, boréales et, plus tard, tropicales. Chaque hiver m'envoyait à Ushuaia. Appareillage pour la péninsule ouest-antarctique ou la Géorgie du Sud. Nous traversions le passage de Drake pour atteindre de l'autre côté de cette frontière océanique un territoire montagneux, volcanique, les terres des manchots papous ou à jugulaire, des phoques crabiers, des éléphants de mer, des orques et des léopards de mer. Une faune plus nombreuse et différente de celle de la terre Adélie. Plusieurs stations internationales siégeaient dans cette région. Leur rendre visite me projeta de nouveau sur la base Dumont-d'Urville. Le langage utilisé y était le même. Les liens entre anciens hivernants se tissèrent d'un simple regard.

Ces voyages étaient exceptionnels, il faut le reconnaître. Le quotidien était varié, parsemé de découvertes et de rencontres riches, de minutes qui s'arrachent d'être puissantes. Nous naviguions au sein d'un dédale d'îlots dont les noms rappelaient les grands explorateurs qui les avaient découverts au cours des siècles derniers. Pour notre plus grande joie, ceux-ci avaient parfois laissé derrière eux des indices. Ainsi, Jean-Baptiste Charcot nous guida au fil de ses hivernages, dressant un cairn majestueux sur l'île de Port-Charcot, ou encore gravant dans la roche les lettres « PP », du *Pourquoi-Pas*, aux abords de l'île Petermann. Le paysage défilait comme un musée à ciel ouvert, le temps faisait des nœuds, la féerie était palpable. Vivre sur un navire, loin de la société, est un état addictif. À bord, une fois la convergence australe franchie, nous coupons le cordon et plongeons dans un monde qui ne ressemble à aucun autre. L'isolement offre du repos à l'esprit. Le retour, une cacophonie à l'âme. Alors on oublie les difficultés et on y revient.

Le travail en lui-même ne me correspondait pas toujours. D'un aspect éthique, tout d'abord, il dérangeait : à l'heure où le tourisme représente un bouc émissaire de choix dans la guerre écologique et le grand méprisé de la communauté scientifique, ce n'est pas œuvrer pour une noble cause que de se joindre à l'accompagnement de voyageurs. Pourtant, je me battais férocement pour faire respecter les règles qui permettent de protéger l'environnement du moindre impact de notre passage. De plus, je conservais la ferme conviction que visiter la planète (en la respectant) est l'un des grands sens, et droits, de la vie humaine. Il n'empêche, mon intégrité en souffrait. La bataille contre ses propres valeurs est ardue. Il faut croire que le bénéfice était plus fort que cela. Dehors, les moments d'émerveillement venaient justifier les efforts moraux et physiques.

Ce métier comportait bien plus de contraintes, de dangers, d'aventure que tout ce que j'avais vécu jusqu'alors. Il mettait à rude épreuve ma résistance au froid, à la fatigue, à la veille. Je n'en demandais pas tant, moi qui adorais regarder défiler les icebergs de derrière les hublots. J'appréciais moins de devoir tourner autour en zodiac en attendant qu'ils ne basculent pour un oui ou pour un non.

Je connus, lors des vêlages, le sentiment de frayeur qui prend aux tripes et pousse à la fuite. Je rencontrais mes limites. Si j'aimais arpenter ces paysages extraordinaires, observer durant des heures les colonies d'oiseaux et les cétacés dans les lumières irréelles, je tenais trop à la vie pour risquer consciemment de la mettre en danger. Je m'enivrais du froid sec, du silence sociétal, de la houle roulant sous mon dos la nuit, de l'horizon qui défile au-devant de la proue, de cette étrange communauté embarquée. Dehors, j'évitais les risques inconsidérés, car on oublie trop facilement, derrière les petits-fours et les soirées dansantes, que certains ont payé de leur vie de malchanceuses persévérances. Le sauvage ne pardonne pas. Il reste le maître.

Il fallut tout de même s'enhardir, obéir, se forcer et, petit à petit, apprendre, s'habituer. Comme une suite à l'école de l'hivernage, l'école des guides engageait des dépassements supérieurs. J'ai serré les poings dans les poches, les doigts autour de la barre du zodiac sous 40 nœuds de vent. J'ai appris à encaisser le choc du recul des fusils en Arctique, à former une équipe soudée, à afficher des sourires, à lâcher prise, à m'isoler. J'ai imposé mon droit d'avoir peur, de reculer, d'opérer un demi-tour ou, au contraire, de suivre, de décider, d'attendre le moment propice sans être pressée, de concentrer mes sens sur l'appréciation des conditions d'un instant. Pour ne pas abandonner la partie, je calmais mon mental avec des ruses enfantines : je me répétais des phrases magiques, relativisais, regardais les oiseaux s'envoler, écoutais la musique propice à la joie et, enfin et surtout, me réfugiais tout au fond de moi, dans la plus chaleureuse des tanières, ce cocon de paix que l'on transporte où que l'on soit, comme un sac sur son dos. Alors, les limites acceptaient de reculer un peu. Le confort du bord retrouvé récompensait trop luxueusement ces microaventures d'un demi-jour. Rien de trop héroïque donc, juste une continuité de belles images que je me démenais à cueillir.

Les zones de navigation couvraient des régions inaccessibles où l'authenticité éclatait aux yeux et que le passé habitait encore. Très rapidement, la scientifique qui sommeillait en moi s'éveilla, excitée par l'exposition des explorations possibles. La chercheuse reprenait du service. Aborder de tels territoires est une opportunité inouïe de mener ses propres recherches. Quel scientifique ne rêverait pas d'aussi longues campagnes de terrain, subventionnées qui plus est ! Je pouvais collecter des données, participer, à ma façon, à l'exploration. Cette perspective se matérialisa à travers le journalisme. Quelques sujets originaux m'ont touchée assez pour que j'en écrive l'histoire. Des journaux grand public les ont publiés. Ainsi débuta une nouvelle aventure. Observer pour documenter et transmettre par l'écrit. Une voie parallèle de la recherche scientifique qui prospecte à sa manière.

La découverte de l'Arctique fut un nouveau coup au cœur, révélant un bouleversant terrain de jeu. La rencontre des Inuits marqua le retour de mon amour pour les humains. Je refaisais le chemin à l'envers, abandonnant le minéral pour le vivant, la glaciologie pour l'anthropologie. Chaque voyage était excuse à prendre des photos, interviewer, découvrir, approfondir des sujets. Une ville minière abandonnée, des bateaux ravitailleurs, des vestiges archéologiques éparpillés dans la toundra, autant de curiosités alimentant ma passion, mes études et mes écrits. Il est heureux de lier les voyages à des objectifs, de se faire loi d'en rapporter quelque chose, un troc pour la belle expérience. Partager nos investigations leur donne consistance, leur permet de rebondir dans d'autres yeux, d'autres oreilles, d'autres cœurs, de soulever des inspirations, de prolonger le voyage à travers ceux qui se l'approprient. Celui qui vit en électron libre s'intéresse à trop de choses, ose la liberté sans statut, déborde des cases sociétales. À contre-courant, il œuvre alors sans le savoir à les faire se rejoindre, à pousser l'émergence d'inédites visions du monde.

J'ai retrouvé l'estime de ma situation sans étiquette lorsque j'ai pris conscience que le métier de chercheur n'est en réalité pas un métier, il est un état d'être. La personnification d'un désir vif de comprendre, de découvrir, de transmettre, de poursuivre ses questionnements, d'étonner ses sens, d'espérer un mieux-vivre ensemble. Cet état ne s'éteint pas. Quel que soit l'emploi qui nourrit, il infuse dans les êtres, se reflète dans les comportements, les réalisations, trouve des chemins de traverse pour exister, se fait un jeu de percevoir ce qui se dissimule derrière l'évidence. Qu'il préfère explorer depuis son laboratoire ou embrasser les aventures, le chercheur prête sa voix aux muettes expressions du monde. Il n'y a pas de hiérarchie d'intérêt dans les quêtes humaines, seule importe l'aptitude à se faire confiance.

Aujourd'hui que la majorité des surfaces accessibles ont été piétinées, on observe la planète grâce à des caméras braquées depuis l'espace, assis devant nos ordinateurs. Les explorations se font plus ardues, plus techniques. Au fil du temps, science et aventure se sont entrecroisées, tissant à travers la planète une toile de croyances et d'impressions sur laquelle navigue l'explorateur d'aujourd'hui, prêt à tomber dans quelque trouée d'ignorance et à en ressortir un nouveau fil à la patte. En arpentant nos propres chemins, en accompagnant nos quêtes personnelles, nous participons, ensemble, à la grande exploration du monde. Nous sommes tous scientifiques, aventuriers et chercheurs.

L'aventure poétique, une science nouvelle

Il y a tant de paysages, tant de visages que je ne connais pas encore. Parfois, cette faim m'engloutit tout entière. D'autres fois, je préfère l'évasion par procuration, le jardin par la fenêtre, le voyage au fil des pages. Les livres rapportent les explorations de ceux qui nous ont devancés sur les mêmes questionnements. Autant qu'une aventure le peut, ils sont à même de changer une vie, de remuer ce qu'il y a à remuer. C'est ainsi qu'un jour, tenant dans les mains les *Mémoires d'Hadrien* de Marguerite Yourcenar, je tombai sur ce passage où le héros comprend que ce qui régit sa vie, c'est le goût de l'absolu. Le goût de l'absolu. Le goût de l'absolu. Des mots que j'ai relus dix fois. Ils m'ont renversée. Une enclume dont je n'avais pas conscience s'est envolée de mes épaules. C'est donc cela, ce mal qui m'habite ? Pour Hadrien, il représente une tragédie. Pour moi, une chance inouïe. Peut-être parce que je pressens ce que vivre poétiquement signifie et que ces deux notions promettent une vie riche de conscience et de profondeur. Nombre de mes efforts, sans buts apparents, ont trouvé sens dans ce concept : extraire du quotidien des minutes absolues où les sens exultent, où des flots d'émotions se déversent. Des instants que l'on sait ne pouvoir épancher que par l'art. Capturer des photographies comme ériger des cathédrales représente un objectif en soi, se suffisant à toute justification. C'est peut-être parce qu'on n'en connaît pas la raison qu'il faut suivre ses obsessions. Elles esquissent l'existence d'invisibles desseins. Sommes-nous encore aveugles aux voix de la nature et aux mondes sensibles !

Il reste encore beaucoup à découvrir. N'atteignons-nous pas aujourd'hui les limites des méthodes de la recherche conventionnelle ? Pour continuer d'explorer les mystères du vivant, il nous faudra peut-être développer des sciences nouvelles basées sur ce que les faits ne montreront pas, ce que les instruments ne mesureront pas, ce que seules les impressions dicteront à ceux qui sauront les collecter en attendant qu'un jour des savants inventent de quoi les comprendre. Comment se nommeront-elles, ces sciences de l'intuition ? Par quels chemins les prochains aventuriers exploreront-ils une géographie à la temporalité renversante ? La poésie, la beauté, la joie deviendront-elles les échelles de mesure de demain ?

Quoi que l'on étudie, que l'on recherche, que l'on crée, quoi que l'on arpente, que l'on raconte ou que l'on croie, n'oublions pas de garder le cap : explorons avec poésie la vie.

Katell Faria

L'appel du Rojava

Katell Faria est une jeune écrivaine éprise d'aventure et de littérature. Issue du monde du commerce et de la communication, elle le quitte très tôt pour faire exister sa vraie vie qu'elle consacre désormais à l'écriture et à la défense de causes lointaines, animée par la volonté de lier son existence à l'expérience du monde. Elle est l'auteure, chez Points, des Aventurières du ciel.

À mes camarades
Dilovan Gever née Dîlan Ölmez,
Avaşîn Azad née Nehlan Seîd,
Bermal Bahoz née Kubra Qadir,
Nupelda Bagok née Songul Mihemed,
tuées à Girê Spî et Serêkaniyê en octobre 2019
lors de l'invasion du Rojava (nord-est de la Syrie)
par les troupes d'Erdogan et leurs supplétifs de Daech

« Un idéal n'est souvent qu'une vision flamboyante de la réalité. »

JOSEPH CONRAD, *FORTUNE*

I.

LE BATAILLON DE ŞEHID ARINE

Juillet 2019 – région de Derik, Kurdistan syrien

Son nom signifiait Liberté.

Et tandis que je contemplais le visage d'Azadi, qu'une mèche brune échappée de sa queue-de-cheval voilait un peu, l'idée me vint qu'aucun nom n'aurait pu mieux lui convenir que celui-là. Son charme rugueux, un peu sauvage, semblait une incarnation de cette liberté. Nul hasard là-dedans, puisqu'elle était prête à sacrifier sa vie à cette idée : c'est pour la liberté qu'elle avait abandonné ses habits civils pour un treillis camouflé ; pour la liberté qu'elle avait rejoint les unités féminines kurdes du YPJ (Yekîneyên Parastina Jin).

Là-bas, on appelle ces combattantes les Yapajas.

Genou à terre, Azadi sertissait de balles de longues bandes de mitrailleuse en manipulant des cartouches longues comme son majeur qu'elle insérait entre les lèvres de la bande dans un bruit de métal creux. La scène était tristement ordinaire dans cette partie nébuleuse et tourmentée du Moyen-Orient. Le geste d'Azadi, d'ailleurs, avait l'automatisme de ceux que l'on exécute parfaitement sans avoir besoin d'y réfléchir. L'expression que je lisais sur sa figure était volontaire, déterminée : comme si, malgré sa frêle constitution, ma camarade avait en elle une grande force. Sa petite taille ne l'avait effectivement pas empêchée de porter sans broncher cette mitrailleuse lourde Douchka – 35,6 kilos à vide – depuis la salle des munitions du rez-de-chaussée jusqu'au dernier étage de la villa, que coiffait une terrasse où se dressait une guérite.

Notre bataillon – on dit ici *tabûr* – venait de s'installer le jour même dans cette propriété abandonnée, perdue au beau milieu de la campagne de Derik, à l'est du Kurdistan syrien. En découvrant son improbable architecture depuis la route, j'avais cru voir un parc d'attractions : le portail d'entrée était encastré dans une imitation kitsch de pyramide égyptienne, et la villa en forme de trapèze, bardée d'innombrables terrasses, balcons et coursives, d'une relative opulence, était flanquée d'un escalier à vis extérieur que surmontait une énorme citerne en forme de samovar. De ce palais à la Disneyland, nous devions faire un bastion improvisé. Les derniers rayons du soleil mouraient tranquillement sur la façade ouest lorsque nous avions commencé à installer nos postes de défense pour sécuriser la place.

Cela faisait une semaine que j'avais quitté Paris. Une semaine que je ne répondais plus au nom de Katell, mais de Kewê – ce qui signifie « Perdrix ». J'étais devenue une Yapaja et je portais moi aussi un treillis de combat.

Accoudée à un vieil affût de mitrailleuse rongé par la rouille, ma cheffe Rosa veillait au grain, l'air consciencieux, et ses sourcils noirs, comme dessinés au pinceau, lui donnaient une sorte de gravité qui contrastait avec la douceur de son visage aux traits pleins. Devant elle, deux camarades s'affairaient bruyamment autour de la mitrailleuse Douchka qu'elles tentaient d'installer sur un grand trépied placé entre la balustrade et la guérite. Hélant Rosa, elles lui désignèrent l'endroit qui leur posait problème : l'arme semblait emboîtée sur son support, mais un bon centimètre manquait encore avant que les anneaux ne s'alignent avec le fermoir du collet de métal qui devait assurer son maintien. Rosa, contrariée, fronça ses beaux sourcils. Elle avisa une grosse pierre, qu'elle saisit pour la soulever avant d'en marteler le collet pour forcer sa fermeture. Je regardai la pierre percuter le cercle de métal, encore et encore, à quelques centimètres des doigts d'une combattante – une dangereuse proximité dont personne ne semblait s'inquiéter. Mon kurde était encore sommaire, malgré plusieurs mois d'étude, mais je savais me faire comprendre sur l'essentiel. Je proposai mon aide : « *Ez dikarim alikari bikim ?* » Une camarade hocha la tête en signe d'approbation et me céda sa place au niveau du canon, qu'elle soutenait de ses mains. Je saisis à mon tour le tube de métal et, sans réfléchir, le redressai légèrement : par un heureux hasard, la base de l'arme s'emboîta parfaitement sur le socle. Visiblement soulagée, Rosa ferma le collet d'un geste franc avant de m'applaudir brièvement en levant les yeux au ciel. La Douchka, désormais campée sur ses jambes comme une matrone obstinée, pointait en direction de la steppe, striée de longues bandes de terre carbonisée pareilles à des rubans de velours noir : l'État islamique n'était plus, mais ses métastases poursuivaient leur œuvre, s'échinant à incendier les récoltes – la guerre de la terre brûlée.

À l'étage inférieur, sur une terrasse orientée plein nord qu'encombraient des lits de ferraille sur lesquels nous dormirions le soir même à la belle étoile, de petites silhouettes à longues tresses s'affairaient. Parmi elles, deux combattantes jetaient des pelletées de terre sur l'amas de sacs qu'elles avaient placé contre le garde-corps : derrière ce poste de combat improvisé serait installée la mitrailleuse PKM. J'empruntai une coursive pour rejoindre la terrasse orientée au sud, plus petite. Là, debout devant la balustrade, la snipeuse attitrée du bataillon prenait une visée pour ajuster la lunette de tir de son fusil de précision Dragunov. À côté d'elle, deux camarades accroupies palabraient sur la justesse du réglage des jumelles à vision nocturne, braquant leurs deux hublots en direction du village voisin dont les lumières s'allumaient à mesure que tombait le soir. L'une d'elles me tendit les jumelles pour que je confirme son verdict : « C'est flou, n'est-ce pas ? » Je jetai un coup d'œil avant de hocher la tête, songeuse. Ici, la préparation au combat était discrète, presque feutrée dans cette obscurité et ce relatif silence. Seuls se faisaient entendre les frottements lointains des pelles sur le carrelage, les raclements métalliques des mitrailleuses et les crépitements d'une radio : « *nöbetçi* (garde) [...] *subay* (sentinelle) », disait une voix féminine grésillante. Hors de la campagne, la tension se manifestait plus bruyamment : sur les grands axes routiers, les bulldozers s'activaient pour créer des fossés antichars, tandis que les pelles mécaniques montaient des remblais protecteurs en poussant des mugissements de moteur en surchauffe. Dans les rues des villes, les bâtons de dynamite claquaient pour creuser le sol de tunnels dont le labyrinthe ne figurait sur aucune carte – de crainte qu'elle ne tombe entre les mains de quelque espion. C'est dans ces tunnels que les civils devraient se dissimuler en cas d'invasion turque. Autant dire : quand cela irait très mal. En ce mois de juillet 2019, les islamistes semblaient déjà un moindre mal en comparaison de la menace qui grondait à quelques dizaines de kilomètres seulement. Sur les lèvres des Yapajas et des Yépégués – leurs camarades masculins, le nom d'« Erdogan » avait remplacé celui de « Daech ». Rien n'incarnait mieux cette menace que le « mur de la honte » qui serpentait sur les 800 kilomètres de la frontière séparant la Syrie de la Turquie, et dont personne ou presque ne parlait en Occident. Bardé de technologies de détection, jalonné d'imposants miradors et constitué de blocs de béton hauts de 3 mètres, sa raison d'être était simple : former une nasse pour livrer les Kurdes aux harcèlements du régime syrien, en attendant le jour où Erdogan récupérerait ce qu'il considérait appartenir à la Turquie, en tant qu'héritière de l'Empire ottoman : le nord de la Syrie, que les Kurdes appellent Rojava – « là où le soleil se couche ».

Nous savions que nous vivions une accalmie. Le calme avant la tempête. Certes, le califat d'Abu Bakr Al-Baghdadi avait été anéanti quelques mois plus tôt grâce au sacrifice de 36 000 des nôtres – tués ou blessés en six années de guerre. Dans la lutte contre l'État islamique, les Forces démocratiques syriennes (alliance des Yapajas et Yépégués kurdes, des Arabes non islamistes et des minorités chrétiennes) avaient été les « troupes au sol » de la coalition internationale menée par les États-Unis et dont la France était un acteur déterminant. Nous avions gagné la guerre. Mais une autre couvait, plus terrible encore : Erdogan, qui avait tant soutenu Daech, voulait rayer les Kurdes de la carte et récupérer leurs terres. Attaquerait-il demain, dans deux semaines, dans six mois ? Personne n'aurait su le dire. Nous n'avions qu'une certitude : le jour où cela arriverait, tout irait très vite. Et si mes camarades avaient pu défaire les soldats du djihad au prix d'immenses sacrifices, ce serait autre chose contre l'armée turque – la deuxième plus importante de l'OTAN. Le Rojava est une vaste plaine et les militaires savent qu'une plaine est plus facile à prendre qu'à défendre : face à des avions, des tanks, des hélicoptères et des drones armés, que pourrait une simple armée de guérilla ? Car nous le savions, au fond de nous-mêmes : les États-Unis et la France, cette fois, ne tiendraient pas leur promesse de maintenir leur soutien aux Yapajas et Yépégués. Ce futur abandon n'incomberait pas aux militaires occidentaux, car ceux-ci témoignaient d'un grand respect pour leurs frères d'armes kurdes et n'ignoraient pas qu'ils incarnaient le meilleur bouclier anti-islamique dont la France pourrait jamais bénéficier au Moyen-Orient dans le futur. Il serait le fait de nos diplomates, demeurés pro-Turcs et influençant toute notre politique. Erdogan n'en était pourtant pas à son coup d'essai : en 2018, il avait arraché aux Kurdes l'enclave d'Afrine – la région la plus à l'ouest du Rojava. Cette opération avait été nommée « Rameau d'olivier », un signe de paix… Cruel cynisme : les soldats turcs et leurs supplétifs de Daech et Al Nosra y avaient perpétré d'innombrables déplacements de population, pillages, viols et tueries. S'il n'existe pas de guerres propres, il en est de plus sales que d'autres où le massacre des populations civiles et la torture méthodique des combattants ennemis ne sont pas des bavures, mais font partie intégrante de la stratégie. Qui, au Quai d'Orsay, s'était réellement ému de ce nettoyage ethnique perpétré sur un peuple ami ?

Oui, l'horizon était sombre. Pourtant, lorsque notre voiture fendait les routes poussiéreuses de la steppe syrienne, mes camarades et moi chantions, le cœur ardent :

Me zanîbû roviyan berê xwe dan baxên me
Nous savions que les renards envahissaient nos champs
Dizên şaxê zeytûnan ketin xefika şervanên me
Ces pilleurs des Rameaux d'olivier sont tombés dans nos pièges guerriers.
Lêxin şêrên me lêxin
Frappez, ô lions, frappez

Hîna tişt nedîn hîna
Ils n'ont encore rien vu

Aucun mot ne qualifie mieux les Kurdes que celui de résilience. Sans doute est-ce une qualité propre aux peuples habitués à ce que la tragédie ne les quitte pas d'un pas. Assez forts pour ne pas disparaître, trop faibles pour créer un État… Telle est la malédiction du plus grand peuple apatride au monde. Vous seriez bien en peine de trouver le Kurdistan sur une carte : il n'existe nulle part. Les Kurdes, héritiers d'une civilisation millénaire, vivent sur leurs terres ancestrales que la politique a écartelées entre la Turquie, au nord, l'Iran à l'est, l'Irak au sud et la Syrie à l'ouest. Depuis des décennies, chacun de ces pays accable le peuple kurde de souffrances : déportation, massacres de masse et destruction de villages en Turquie ; exécutions sommaires et discrimination religieuse en Iran – les Kurdes sont sunnites, et non chiites – ; nettoyage ethnique et extermination à l'arme chimique en Irak ; emprisonnements et privation de droits culturels, économiques et politiques en Syrie. Partout où ils vivent, les Kurdes sont considérés comme des citoyens de seconde zone, méprisés, voire haïs. Ironie tragique, ils ont souvent été – et sont encore – dressés les uns contre les autres par ceux qui les oppriment. En 2005, toutefois, les Kurdes d'Irak ont gagné leur autonomie en fondant au nord du pays le Gouvernement régional du Kurdistan (GRK), intégré à l'État fédéral irakien. Encouragés par ce succès, les Kurdes de Syrie ont attendu le moment favorable pour faire de même : au moment des printemps arabes de 2011, ils se sont révoltés contre le pouvoir de Damas avant d'installer un État de fait dans le nord de la Syrie. Dans leurs trois cantons – Djéziré à l'est, Kobané au centre et Afrine à l'ouest – ils ont mis en œuvre un projet de société démocratique, socialiste, laïc, écologiste, respectueux des minorités, et surtout féministe : « Ici, en Syrie, le viol représente 70 % des relations sexuelles, m'avait un jour confié un proche du pouvoir kurde, l'air accablé. Et pour les 30 % restants, eh bien… disons que c'est à la frontière du viol. La notion de consentement n'existe pas. » Pour lutter contre ces violences, le contrat social établi par les Kurdes a notamment instauré des mesures telles que l'interdiction de la polygamie et des mariages forcés de mineures, mais aussi la possibilité, pour une femme, de demander le divorce et d'hériter. Habituées à ce qu'on les traite plus bas que terre, les femmes avaient désormais le droit de choisir un autre destin et pouvaient même, si elles le souhaitaient, combattre comme les hommes. Elles étaient devenues les figures de proue de la miraculeuse révolution qui s'était opérée au Rojava.

Ce miracle, Daech avait failli le balayer. Heureusement, Yapajas et Yépégués avaient tenu bon en les combattant pied à pied, jusqu'à détruire son califat.

Mais à présent, le danger était autre.

« Turkiye », répétaient mes camarades, l'air sombre. « Turkiye. »

Dans un souci de discrétion tactique et pour éviter qu'une atmosphère permanente de guerre règne dans les villes, les bataillons étaient cantonnés dans la campagne où ils fonctionnaient comme de grandes familles, par groupes de dix à trente combattantes, en autonomie presque totale. Nos journées commençaient par une séance de sport très matinale, suivie d'un petit déjeuner frugal : olives noires, lamelles de fromage caillé caoutchouteux, tranches de tomates crues, œufs durs ou au plat, et pain que nous coupions en mouillettes grossières pour les plonger dans des ramequins d'huile. Ensuite, nous organisions notre temps autour d'impératifs sécuritaires – gardes, patrouilles –, de séances d'instruction militaire ou idéologique mais aussi de tâches de la vie quotidienne : courses, préparation des repas, ménage… Pour prendre possession des lieux, nous nous étions attelées à cette dernière tâche dès notre arrivée, d'une manière infiniment poétique et originale à mes yeux d'Occidentale habituée aux circonvolutions sans charme des aspirateurs autonomes : nous avions ouvert les robinets situés au sommet de la maison, dont l'édification en forme de trapèze avait fait ruisseler l'eau sur ses coursives avant de chuter des balcons en formant de petites cascades, tandis qu'un torrent grisâtre dégringolait dans l'escalier à vis. Chaussées de claquettes aux couleurs vives et armées de grandes raclettes, nous avions repoussé l'eau vers l'extérieur dans un bruit de pataugeoire. Les interjections autoritaires et les conseils fusaient des quatre coins de la maison : « *Hevala ! Wusa neke ! Wusa bike !* »

(Camarade ! Pas comme ça ! Fais comme ça !) Parfois, une giclée d'eau mouillait une fille par mégarde et, riant du cri qu'avait suscité notre maladresse, nous l'éclaboussions de plus belle. Rares moments de légèreté où l'insouciance de la jeunesse semblait reprendre ses droits… Une jeune Yapaja en avait hélé une autre pour l'amuser de ses pitreries : « *Heval Azadi : mêze ke !* » (Camarade Azadi : regarde !) Cette jeune femme à la silhouette menue s'appelait Newroz – le nom du nouvel an kurde. Avec son teint caramel, ses joues comme poudrées de rose, ses yeux verts bordés de longs cils papillonnants, ses belles dents saines et ses lèvres couleur framboise écrasée, elle était d'une beauté étonnamment moderne. En Occident, un tel physique lui aurait facilement ouvert les portes d'une carrière d'instagrameuse à succès. Mais Newroz ne semblait pas avoir conscience de ses atouts, ou n'en avait cure. Elle avait troqué sans façon sa kalachnikov pour une vieille raclette.

Notre *tabûr* dîna vers 18 heures, sur la terrasse sud du premier étage dont les dalles étaient encore chaudes du soleil de l'après-midi. Assises sur nos talons, un genou à terre et l'autre jambe en équerre, nous glissâmes le bout de notre pied sous le bord d'une longue nappe cirée aux motifs délavés étendue sur le sol. Nous y déposâmes de petites assiettes creuses aux airs de dînette que deux camarades avaient apportées sur de larges plateaux ronds argentés. Si les petits déjeuners étaient frugaux, les autres repas étaient, eux, légèrement plus élaborés bien que monotones : en entrée, une salade de tomates, concombres et poivrons coupés en petits dés dont le jus naturellement acide et parfumé valait toutes les vinaigrettes du monde. Comme plat principal : un assortiment de tomates, d'oignons et d'ail revenus à la poêle et mélangé à une viande hachée saupoudrée d'aromates dont les morceaux de gras craquaient sous la dent. Autour du plat s'organisa un ballet de bras qui, tels de longs cous de cygnes, serraient des morceaux de pain blanc qu'ils plongeaient dans le plat. Bonne vivante mais loin d'être fin gourmet, je me régalais de ce plat simple – mon palais dénué de raffinement apprécie les mets élaborés, les bonnes recettes de bistro ou les sandwichs jambon-fromage avec un plaisir presque égal. Je m'étonnais en revanche que mon organisme, d'ordinaire capricieux, s'accommodât si bien de ces crudités abreuvées d'eau malsaine et de ces viandes à l'origine douteuse. Combien de temps cet état de grâce durerait-il ? « *Bixwe !* » (Mange !) m'enjoignit Azadi avec un air de reproche. Mes camarades s'inquiétaient de ma lenteur tout européenne : au Rojava, manger semblait plus relever du pur besoin physiologique que de l'épicurisme. Nous remplissions nos estomacs en silence, trop et trop vite. Pendant que deux camarades rangeaient la cuisine, d'autres apportèrent des théières ainsi qu'un plateau rempli de petits verres en forme de clochette appelés *iskan* – un mot visiblement dérivé de l'anglais « *East tea can* ». La plus grosse théière, lourde et ventrue, servait à ébouillanter le fond des *iskan* avec un filet d'eau pour tuer les éventuels œufs de mouche qu'ils pouvaient receler. La seconde, beaucoup plus petite, contenait le thé noir très concentré dont nous remplissions nos verres au cinquième. Ensuite, nous utilisions à nouveau la première théière pour diluer ce fond de thé avec de l'eau, avant d'ajouter à notre breuvage des tombereaux de sucre blanc. Mais ce rituel n'aurait pu s'accomplir sans fumer quelques cigarettes Arden : toutes mes camarades ou presque fumaient comme des locomotives, et je ne dérogeais pas à la règle. Au début de la guerre, les cigarettes avaient été interdites aux combattants, avant que les chefs, devant l'insistance de leurs troupes, ne finissent par les tolérer, puis par les fournir gratuitement. La vie de Yapaja offrait un destin, mais peu de plaisirs. Celui-ci était une exception.

Plus tard, Rosa sortit son téléphone portable et me montra une vidéo datant de la bataille de Manbij trois ans plus tôt, où figurait un blindé de fortune kurde qu'une bombe de Daech avait éventré. Accroché à la carcasse métallique pendait le buste carbonisé d'une de ses camarades. Mon cœur se serra devant le spectacle tragique qu'offrait cette grande poupée de chiffon couverte de suie balançant doucement dans le vide. Ma cheffe eut une expression indescriptible tandis qu'elle me montrait ces images : son regard était doux et ses lèvres esquissaient un sourire triste. Aucun sanglot ne s'étrangla dans sa gorge, mais sa voix se fit plus basse. Je fus frappée de sa dignité. Quand on doit se battre pour ne pas être gommé de l'histoire, l'abattement, la tristesse et la fatigue sont tout simplement proscrits. C'est pourquoi, au Rojava, l'extrême sensibilité n'est pas perçue comme une richesse ou une subtilité de l'âme. Se plaindre, c'est se reconnaître vaincu. Jamais je n'oublierai le regard furieux que me jeta un jour une proche camarade lorsque, devant son air un peu contrarié, j'osai lui demander si elle était triste : « Th ! » avait-elle fait bruyamment dans un coup de menton, les sourcils froncés et le regard noir, visiblement offensée par ma remarque. « Th ! » Je ne parlais pas à une jeune femme obsédée par ses dilemmes ou ses émois : celle qui me fusillait du regard avait choisi une vie qui ne l'épargnerait aucunement de la cruauté du monde.

« Ici, au Rojava, femmes et hommes ont lutté ensemble, d'égal à égal », me disait-on en montrant les index des deux mains mis côte à côte. J'approuvais : « *Rast e* » (C'est vrai). Dans l'épouvantable guerre menée contre Daech, les femmes avaient combattu avec autant de bravoure et de compétence que leurs camarades masculins. Et si la révolution du Rojava n'avait pas été la première à les mettre à l'honneur, elle était la seule à avoir constitué des unités combattantes entièrement féminines, commandées par des femmes. Oui, les femmes avaient du courage et savaient combattre – pour peu qu'elles le veuillent et qu'on les laisse faire. Et ce courage les menait parfois à des actes d'un incroyable héroïsme. Parce qu'elles avaient sacrifié leur vie à leur cause, le nom de quelques-unes était entré dans la légende : Arine Mirkan, Avesta Khabour, Barin Kobani, Viyan Antar…

C'est ainsi qu'au Rojava, les portraits des combattants tués au combat s'affichent sur les tombes fleuries des cimetières, sur de grands calicots à l'entrée des villes, aux nouvelles des journaux télévisés, sur les fonds d'écran de téléphone ou les grigris des pare-brise. Et les *tabûr* portent leur nom.

Le nôtre s'appelait Şehid Arine Mirkan.

Arine Mirkan était morte le 5 octobre 2014 durant la bataille de Kobané. Après s'être retrouvée à court de munitions et encerclée par les combattants de l'État islamique, elle avait utilisé ses dernières grenades pour se jeter sous un de leurs chars, se sacrifiant pour emporter avec elle dans la mort de nombreux djihadistes.

Kobané… J'aimais le nom de cette ville à laquelle ses trois syllabes donnaient des accents tribaux. Pour les Kurdes, Kobané représentait leur « Stalingrad » : le symbole absolu de la résistance et leur première grande victoire contre le totalitarisme de Daech. Au départ, pourtant, la bataille semblait perdue d'avance. En septembre 2014, les djihadistes avaient attaqué les villages alentour avant de se ruer vers la ville. Après plusieurs semaines de combat, ils étaient parvenus à conquérir la moitié de ses quartiers, mais les Kurdes avaient tenu bon et le front avait été stabilisé. Cette résistance inattendue avait attiré l'attention des médias du monde entier : retenant leur souffle, ils avaient suivi cette bataille dont tous les pronostics avaient été déjoués. Les Kurdes, galvanisés et soutenus par les bombardements de la coalition, avaient finalement repoussé les forces islamistes en dehors de la ville vers la fin du mois de janvier 2015. Cette victoire avait été arrachée aux prix de sept cents tués et trois fois plus de blessés, et la ville n'était plus qu'un champ de ruines. Détruite aux trois quarts, Kobané n'était plus qu'un désolant amoncellement de tôle, de piliers, de gravats, de carcasses d'immeubles en béton armé, de toits effondrés : le néant à perte de vue... Pourtant trois années avaient suffi pour que les Kurdes la reconstruisent et, en déambulant dans ses rues aux immeubles de parpaing, d'une relative modernité, on aurait pu oublier la terrible bataille dont elle avait été le théâtre. Il aurait été facile de se libérer du souvenir de cette apocalypse en faisant table rase du passé – le temps, comme l'habitude, efface tout. Mais les Kurdes ne voulaient pas oublier ce qu'avait coûté cette victoire. Pour en garder la mémoire, ils avaient laissé en l'état un quartier entier mutilé, aux bâtiments transpercés de part en part, dont ne restaient que les piliers et les escaliers, comme suspendus par magie dans les airs. Des voitures crevées, presque fondues, côtoyaient des sacs de sable, des bidons de tôle ou d'anciens blindés de fortune près desquels des poulets égarés se dandinaient prudemment.

Dans un autre quartier était le musée des martyrs de Kobané, à l'entrée duquel fleurissait un jardin potager que l'on entretenait soigneusement pour que la mort côtoie la vie. À gauche, au bout d'une allée, un bras brandissait une kalachnikov tendue vers le ciel : cette statue blanche avait été érigée en hommage à une combattante qu'une explosion avait ensevelie et dont seul le bras armé était demeuré hors des décombres. En face de l'entrée, sur les murs de la maison-musée que jouxtait une cabane de bois, des centaines de portraits d'hommes et de femmes étaient alignés sur fond jaune, vert et rouge. Şehid Evrim Ocelan… Şehid Peyman Tolhidan… Şehid Agirî Kobané… Şehid Evrim Andol… Şehid Şîlan Kobané… Ces portraits avaient été pris lors de leur incorporation. Toutes et tous avaient fixé l'objectif sans détour en sachant que c'était cette image qui figurerait sur leur tombe s'ils venaient à mourir au combat. J'avais plongé mes yeux dans leurs pupilles de papier glacé avec l'impression de lire leur âme : des regards bons, graves, combatifs ou fiers. En chacun de ces êtres je voyais une Marie-Madeleine Fourcade ou un Jean Moulin. Ces gens-là avaient combattu sans haine : avec l'absolue mais calme détermination de ceux qu'habite la certitude de défendre une cause juste.

Aux portes de la ville, un cimetière des martyrs avait été construit, où se dressait un monument rassemblant quatre triangles de pierre formant une flèche pointée vers le ciel. Les drapeaux des Yapajas et Yépégués claquaient au sommet de hauts mats. Autour, des centaines de tombes claires, toutes identiques, s'alignaient à perte de vue. Sur le fronton de chacune avait été accroché au recto le portrait du combattant mort au combat, au verso son identité : nom et date de naissance, nom de guerre, date de son engagement, nom de son père et de sa mère. Enfin, la date et le lieu de sa mort. Sur le marbre blanc zébré de gris de chaque sépulture, un rectangle de terre argileuse accueillait arbustes et plantes grasses qu'arrosaient régulièrement les familles : chaque jeudi, à la même heure, leur cortège silencieux et mélancolique passait les portes du cimetière pour murmurer incantations et mots tendres à leurs enfants perdus.

Un jour, j'avais rencontré une femme du nom de Bêrivan Hassan. C'était un personnage important de l'administration de Kobané – on l'appelait « ministre ». Élégante, d'une féminité sobre et charmante, elle portait un pantalon noir ajusté, des sandales à petits talons, une chemise blanche à rayures bleues ; son épaisse et longue chevelure, d'un noir profond, passait sur son épaule gauche pour tomber jusqu'en dessous de sa poitrine. Bêrivan Hassan avait un visage que je ne saurais oublier : d'un ovale harmonieux dessiné par de hautes pommettes, sa peau était légèrement maquillée et ses immenses yeux noirs, soulignés d'un trait de khôl, étaient d'une profondeur magnétique que ses sourcils, droits comme des poignards, rendaient plus intenses encore. À ses oreilles brillaient de petites perles cerclées de strass – touchante et discrète coquetterie. Cette femme était belle. Mais surtout, il émanait de sa personne un charisme singulier, proche de celui qu'on observe sur les icônes religieuses. Pourtant, une chose m'avait immédiatement frappée : elle semblait irrémédiablement triste. Sa bouche souriait et ses yeux feignaient la joie mais par convention, par politesse, par dignité. Le fond de son regard, lui, ne pouvait mentir. Elle avait vingt-huit ans. Presque mon âge. Elle semblait en avoir quarante. « Qu'a donc vécu cette femme ? » avais-je pensé. Et j'avais osé lui demander de me parler d'elle, de me raconter son histoire. D'une voix calme et grave, elle m'avait dit comment treize de ses proches avaient été tués ici, à Kobané, par les djihadistes. Douze d'entre eux étaient morts le même jour, en l'espace de quelques minutes : un premier, alerté par un bruit de tir, était sorti pour savoir d'où provenaient ces derniers. Il avait été abattu. En le voyant s'écrouler, un autre membre de la famille s'était jeté hors de la maison en hurlant pour étreindre son corps, avant d'être à son tour assassiné. Père, mère, frère, belle-sœur, tante, oncle, tous y étaient passés les uns après les autres. Restées à l'intérieur, Bêrivan et sa dernière sœur, tremblantes et le cœur au supplice, s'étaient ruées au dernier étage de la maison pour s'y cacher. Les islamistes ne les avaient pas trouvées : elles avaient survécu. Depuis ce jour, elles cheminaient avec les ombres. Elles avaient eu une autre sœur, autrefois – avant que leur famille n'eût été décimée. C'était une Yapaja. Un soir, Bêrivan Hassan, qui la savait au cœur des combats, l'avait appelée au téléphone. À la place de la voix familière, un homme avait répondu : « Je suis de Daech et je l'ai tuée. Viens chercher sa tête. »

Jamais je n'évoque Bêrivan Hassan en l'appelant par son nom. Pour moi, elle demeure « la femme aux yeux tristes ». Ces yeux-là en ont trop vu pour briller encore.

Pour parler de ceux qui ont sacrifié leur vie à la cause, les Kurdes ne disent pas « Elle est morte » mais :

« *Şehid ket.* »

Tombée en martyre.

II.

UNE PETITE SENTINELLE

Décembre 2015 – Paris, France

« *Kurwa* ("putain" en polonais)… Des bougies… Les islamistes doivent vraiment nous prendre pour des cons ! »

Mon chef de groupe, un sergent-chef respecté que nous appelions simplement « le chef », avait lâché ce commentaire consterné pendant que notre voiture logotée Vigipirate contournait la place de la République. Le monument surmonté d'une Marianne de bronze qui trônait en son centre était entravé par de grandes banderoles bardées de messages de paix, sous lesquelles voletaient des cœurs de papier défraîchis et brillaient une multitude de petites veilleuses. Dérisoire riposte qui m'avait donné une désagréable impression d'impuissance.

Un mois avait passé depuis les attentats du 13 novembre 2015.

« Le chef », mes deux camarades et moi étions tous les quatre réservistes opérationnels au sein d'un régiment de cavalerie-blindés où nous avions l'habitude de nous retrouver toutes les six semaines pour des week-ends dédiés à l'instruction au combat, aux entraînements de tir, aux premiers secours, au combat rapproché et aux nuits fraîches dans les massifs montagneux des Préalpes. L'objectif de ces week-ends était de nous former afin que nous puissions contribuer aux opérations de sécurité sur le territoire national – simples gardes, souvent, mais aussi missions Sentinelle. « Sentinelle » avait été lancée au moment des attentats de janvier 2015 en complément du plan de lutte antiterroriste Vigipirate, et la réserve opérationnelle épaulait l'armée de métier sur cette mission. En tant que réserviste, j'étais heureuse de venir relayer « ceux de l'active » : dans mon esprit, ma participation à ce que nous appelions « Senti-Noël » permettait à un soldat de rester en famille pour les fêtes.

Est-il nécessaire de le préciser ? Nous avons, parmi nos militaires, des soldats de grande valeur. Des hommes et des femmes qui, par devoir et idéal, sont prêts à renoncer à la tranquillité d'esprit qu'offre une vie bien réglée, au confort matériel que procure un beau salaire ou à la paix des ménages que permet la vie civile. Ce dernier point était particulièrement délicat, car l'opération Sentinelle n'avait probablement rien amélioré à la triste rumeur qui veut que les régiments soient des cimetières de mariages. Il faut dire que, à peine rentrés de plusieurs mois en opération extérieure (OPEX), nos militaires partaient en mission Sentinelle pour mener un travail ingrat, plus proche de celui de vigile que de leur véritable métier. La colère commençait à gronder dans les ménages et nos soldats s'inquiétaient pour leur vie familiale – les épouses esseulées étaient lasses d'attendre, et toutes ne se voyaient pas en patientes Pénélope.

« Sentinelle, ça sert à rien », m'avait lancé une copine avant que je parte en mission. Le verdict m'avait semblé plutôt sévère... Certes, le dispositif comportait quelques modalités d'une efficacité discutable : quel intérêt y avait-il, par exemple, à fixer un planton ou parquer un véhicule militaire devant un lieu sensible mais inconnu du grand public ? En faisant ainsi, nous le révélions aux potentiels terroristes tout en faisant de nos soldats des cibles privilégiées. Je soupçonnais cette idée d'avoir germé dans un cerveau politique et non militaire... Pourtant, je ne doutais pas de la légitimité globale de cette mission. Ses objectifs ? Rassurer, dissuader, protéger. En ce qui me concerne, le simple fait de contribuer au premier de ceux-ci me convainquait de mon utilité, car l'inquiétude était palpable chez nos concitoyens que les attentats avaient profondément secoués. J'ignorais alors que ce qui aurait dû n'être, selon moi, qu'une mesure coup-de-poing s'éterniserait jusqu'à nous enliser dans une situation inextricable. Il y avait fort à parier que personne – ni militaire, ni politique – ne voudrait prendre la responsabilité d'y mettre fin : l'annonce d'un arrêt de Sentinelle, après tant d'années, serait probablement aussitôt sanctionnée par de nouveaux attentats – parce que les terroristes ont tout intérêt à signifier à nos populations qu'elles doivent vivre dans la peur. Il me semble parfois que Sentinelle incarne cette crainte qui s'est emparée de nous, pour ne plus nous quitter. La guerre psychologique est une arme puissante…

La formation militaire qui nous avait été dispensée pour nous préparer spécifiquement à cette mission avait été pour le moins sommaire : elle avait consisté en un week-end de « mise en condition avant projection », comprenant une formation de secours au combat, quelques jeux de rôles et un peu de combat rapproché – appelé TIOR. Je me souviens surtout d'une présentation en amphithéâtre dont le message pouvait être résumé ainsi : Surtout, ne tirez pas. Jamais. Si l'on vous menace avec un couteau, même à trois pas de vous, ne tirez pas : donnez un coup de crosse avec votre fusil d'assaut. Autre exemple : si un type arrive, poignarde un de vos potes et se barre en courant, surtout ne ripostez pas. Ce sera considéré comme une vengeance et non comme de la légitime défense. À moins que vous puissiez justifier le fait de l'avoir tué parce que vous craigniez qu'il ne fasse d'autres victimes… Mais ce sera très difficile à prouver. Dans tous les cas, votre vie sera fichue, soyez-en sûr. Vous aurez toujours tort.

Cette présentation m'avait laissée un peu perplexe. Mes camarades et moi saurions-nous réagir de manière adaptée si une bande de voyous armée de crans d'arrêt décidait de nous chercher des noises ? La situation, qui relevait davantage d'une mission de police, risquait d'être très délicate à gérer… Pire encore : avions-nous le sang-froid nécessaire pour faire face à une attaque terroriste ? « Le chef » avait crûment diagnostiqué les choses : « Si on est appelés pour un attentat de type Bataclan, la moitié des gars resteront devant la porte à se chier dessus. » En tant qu'ancien militaire d'active, il était très lucide sur la valeur guerrière de nos troupes. Hélas, je n'étais pas loin de partager son avis : nous étions réservistes, c'est-à-dire militaires à temps partiel. Notre formation ne pouvait logiquement valoir celle d'un militaire de métier et, pour être franche, je nous estimais davantage calibrés pour assurer des gardes de bâtiment militaire ou mener des missions en liens avec nos compétences civiles. Ce n'est pas tellement pour ma vie, que je craignais : à vingt-cinq ans, j'étais largement en âge d'assumer cette prise de risque en toute conscience – et ce risque me semblait très faible. J'étais plus inquiète du risque que prenait notre armée en nous plaçant sur le même plan que nos camarades d'active. Mais sans doute n'avait-elle pas le choix… Nos politiques espéraient-ils compenser la dissolution de régiments, décidées par le président Nicolas Sarkozy, en augmentant les effectifs de la réserve opérationnelle que nous déroulions aux yeux du public tel un cache-misère ? Si tel était le plan, l'illusion ne tiendrait pas longtemps. Du moins, elle durerait que tant que rien de grave n'arriverait…

Je me souviens de 2015 comme d'une année riche mais étrange sur le plan personnel. Pour la première fois de ma vie, je cherchais à m'extirper de la voie sur laquelle je m'étais laissé orienter à la sortie du lycée. J'avais été une élève sérieuse et plutôt douée. Un bon petit soldat – un peu scolaire, peut-être, sauf lorsqu'il s'agissait de littérature, d'histoire ou d'économie, où j'avais montré une certaine capacité de réflexion et d'analyse. Plutôt discrète, j'avais été une jeune fille que le divertissement et les festivités n'intéressaient pas outre mesure. J'avais une vie très saine et mon propre univers : je m'adonnais à la course à pied qui m'avait permis de modeler le corps pataud dont m'avait encombrée mon adolescence. Je vivais entourée de mes livres, que je chinais de brocantes en dépôts-ventes – je les vénérais au point de dormir avec. J'aimais la peinture à l'huile et passais des heures à composer des toiles ténébreuses. Enfin, j'écrivais. Depuis longtemps déjà… À douze ans, j'avais eu le pressentiment que c'était cela, ma vocation profonde – comme tant d'autres adolescents, je suppose. Bref, j'étais un drôle d'oiseau à l'âme romanesque et romantique.

Quelques années plus tard, pourtant, mes rêves s'étaient émoussés : je n'étais plus sûre de rien. Ma famille, un peu bohème et fantasque en apparence, se montrait pragmatique et prudente quand il s'agissait des études supérieures. Mes parents, notamment, craignaient que le marché de l'emploi ne se montre très rude avec ma génération. Ils m'avaient prévenue que les voies littéraires ne menaient à pas grand-chose et que les écoles d'art ne récompensaient que quelques élus – une mise en garde assez fondée, du reste. J'avais suivi leurs conseils, qui ne voulaient que mon bien. Chaque génération a ses modes, et la mienne connaissait un engouement considérable pour les « business schools » post-bac, que l'on recommandait à tout élève dénué de certitude sur son avenir. Celle que l'on briguait pour moi jouissait d'une belle reconnaissance. Pourtant, je ne lui avais d'abord accordé que peu d'intérêt – sans doute mes lectures de jeunesse m'avaient-elles amenée à considérer les voies commerciales comme vulgaires car mercantiles. Mais très vite, éperonnée par le défi que représentait le concours d'entrée et la perspective de quitter le domicile familial pour étudier en province, je m'étais convaincue que ces études de management me conviendraient. Comptabilité, marketing, finance, communication interpersonnelle… La signification de ces matières m'était étrangère, mais tout cela sonnait « sérieux » – et j'étais une fille sérieuse, pressée d'entrer dans le monde des adultes et de prendre sa vie en main. Volonté et caractère sont de faux synonymes : de ces deux qualités, j'avais la première, non la seconde. Las… Cette voie, que toute ma famille ou presque a empruntée, m'avait très vite rendue malheureuse. J'avais pourtant persisté, convaincue que la vie oblige à des compromis et des contraintes – ce que je crois toujours, dans une certaine mesure : l'immense majorité des gens peuvent abandonner leurs rêves de jeunesse sans ressentir autre chose qu'une vague nostalgie. Ils embrassent une carrière conventionnelle dans laquelle ils montrent du talent et s'épanouissent parfois, sans souffrir de n'avoir plus que leurs week-ends pour exercer leurs anciennes passions. J'avais cru être comme cela : je me connaissais mal. Je n'avais pas compris que je faisais partie de cette poignée d'individus qui, sur une promotion de quatre cents élèves, dépérissent de ne pas être à leur place. Plus les années passaient, plus je m'éteignais intérieurement. J'aurais dû partir, mais je m'interdisais d'y penser ; je craignais que mon départ soit le signe d'un échec, d'un gâchis, même – gâchis de temps, gâchis d'argent… Aujourd'hui, je vois comme une petite folie l'investissement que représentaient ces études dans une école qui ne délivrait à l'époque que le grade de master, au terme de cinq années complètes. Chaque rentrée des classes donnait le top départ d'une année sous apnée : je n'avais aucune inclination pour les matières enseignées et m'illustrais d'ailleurs par de mauvais résultats, malgré les efforts déployés pour m'y intéresser. Au fond, c'était comme si mon cerveau refusait de digérer le moindre cours. Pour tenir, j'avais repoussé les limites de la méthode Coué, jouant une comédie inconsciente dont j'étais la première dupe : pendant des années, j'avais cultivé une attitude joviale et pétillante que ma récente allure de Lolita en chaussettes hautes et minijupes rendait très crédible. Sans chercher la popularité, je m'étais efforcée d'être « dans le coup » en faisant acte de présence aux soirées et campagnes du Bureau des élèves. Sans doute semblais-je rayonnante. Mais cette apparence cachait une profonde mélancolie. Une chose me consolait toutefois : au milieu d'une flopée de jeunes fêtards populaires que l'on appelait « le star-système » se trouvaient nombre de personnes formidables, dont quelques-unes avec qui je suis restée amie même après que nos vies ont pris des chemins divergents – voire radicalement antagonistes. Mon vrai « moi », pourtant, était ailleurs, et c'est en dehors des cours que mon existence prenait son sens : les concours d'éloquence, d'écriture ou de peinture étaient le sel de mon année scolaire et chaque été je participais à des préparations militaires, animais des camps de louveteaux ou des séjours pour personnes handicapées. Je vivais ces semaines d'une grande richesse humaine comme une réconciliation avec moi-même...

Mon école prévoyait de nombreux stages en entreprise tout au long de notre cursus. Les miens, naturellement, m'avaient réservé de belles expériences, mais aussi quelques déconvenues. Ces dernières étaient parfois de mon fait, puisque le monde de l'entreprise me mettait en proie aux mêmes dilemmes intérieurs que mon école ; d'autres fois, elles étaient directement liées à un management malsain ou une mission dépourvue de sens. Une de ces expériences, notamment, m'a particulièrement marquée : très échaudée par un précédent stage effectué dans un groupe américain de cosmétiques haut de gamme, j'avais cru bien faire en ciblant cette fois une petite entreprise de marketing direct spécialisée dans l'intérêt général, c'est-à-dire menant des campagnes de récolte de fonds pour des instituts de santé ou des associations humanitaires. Naïvement, j'avais espéré y trouver un certain sens de l'éthique. J'y avais surtout découvert les plateformes de « phoning » qui participaient à nos campagnes de prospection. Je m'étais rendue compte que les personnes âgées étaient prioritairement ciblées par ce type de démarchage. Généreuses et influençables, certaines se mettaient parfois dans des situations financières difficiles parce qu'elles ne savaient pas dire non aux opérateurs, tous rompus aux techniques de persuasion. Mais ce n'est pas tout : je me souviens qu'un de nos clients était une belle association permettant à des enfants asiatiques ou africains gravement malades de venir dans un hôpital français pour y être soignés. Le message marketing que j'avais élaboré pour elle sous la responsabilité de ma cheffe prenait l'exemple d'une petite Vietnamienne que l'on avait opérée du cœur – le but étant d'appeler à de nouveaux dons pour sauver d'autres enfants. L'enveloppe contenait d'abord un « cadeau » de type goodies, dont l'objectif était de « culpabiliser » le prospect ou l'abonné afin qu'il se sente obligé de remercier l'association en faisant un don ; ensuite, parmi divers papiers (présentation de l'association, fausse lettre d'une bénévole, photo), on trouvait une illustration faite par l'enfant. Le calendrier qu'avait dessiné la petite pendant son séjour en France n'étant malheureusement pas assez « propre » et coloré pour que nous l'utilisions, ma cheffe avait trouvé une parade extraordinaire : inventer un dessin. Notre graphiste s'était adonné avec talent mais sans emballement à cette tâche étrange : sur sa tablette, il avait croqué à gros traits maladroits deux bonshommes (l'enfant accompagnée d'une bénévole de l'association), une baraque figurant l'hôpital et, plus bas, un message manuscrit en vietnamien, inventé grâce au concours de Google traduction : « Ceci est pour toi, avec tout mon amour ». Ma cheffe, avec sa dégaine de cow-boy et sa gouaille de pilier de bar, avait émis une vague crainte à ce sujet : « J'espère qu'y a pas de faute dans la trad, parce que si un de nos abonnés parle vietnamien on aura des retours. » J'étais déconcertée par ces méthodes : faisais-je preuve de candeur en doutant que le fait de travailler pour une noble cause suffît à nous dédouaner de ce mensonge grotesque ? J'essayais de relativiser, pourtant. J'arrivais au terme de mes études.

C'est seulement à vingt-quatre ans que la façade s'était fissurée. Après avoir enfin obtenu mon diplôme de commerce avec une spécialité en communication, j'avais envisagé de me reconvertir comme professeure de français. Mais une partie de mes études avait été payée grâce à un emprunt dont je devais à présent rembourser les échéances et qu'une maigre indemnité de professeure stagiaire ne pourrait suffire à honorer. Je devais donc ronger mon frein et rester dans la voie commerciale. Avais-je tenté de prendre une revanche sur le destin en décrochant un CDI au sein du département des relations entreprises d'une école de commerce ? C'est pour le poste de chargée des relations extérieures que j'avais accepté de solder ma liberté au profit d'une rémunération plutôt coquette – joliment négociée, du reste. L'école venait miraculeusement de décoller dans les classements, ma fiche de poste prétendait me confier d'intéressantes missions… L'opportunité semblait réelle. Malheureusement, j'avais très vite déchanté… Dans cette école dont les locaux s'encaissaient dans un recoin déserté, mal fichu et crasseux de la Défense, j'avais connu la plus piteuse expérience professionnelle de ma courte vie. Au moins le panier de crabes qu'était cette école avait-il servi à me déniaiser tout à fait quant aux méandres de la nature humaine : face aux manœuvres tordues de nos responsables, mes collègues et moi, solidaires, avions développé des stratégies d'évitement et de protection. Je voulais tenir, ne pas céder sous la pression. Mais un jour, j'avais réalisé que s'opérait en moi une inquiétante métamorphose : le visage atone, le sourire calculé, le cœur méfiant… Je sentais que cette atmosphère malsaine déteignait sur mon caractère. Que m'arrivait-il ?

« Les gars, je vais crever. Si je reste là en entreprise, je vais crever. À petit feu, mais je vais crever ». C'est ce que j'avais confié à mes camarades de la réserve militaire, lors d'une formation à l'école de sous-officiers de Saint-Maixent. J'avais intégré la réserve quelques mois plus tôt, et les week-ends que je consacrais à mes entraînements militaires étaient parfois difficiles car, en tant que femme, il m'arrivait d'être confrontée à des situations pour le moins désagréables. Mais j'avais aussi de très bons camarades et ces moments passés avec eux au grand air rompaient avec l'atmosphère morne et malsaine de mon environnement professionnel. D'ailleurs, l'essentiel était ailleurs : je servais mon pays. Pour moi, cela avait du sens.

« Du sens ». Tout était dit.

J'avais besoin de sens. Et d'embrasser ce que j'étais vraiment.

Forte de cette révélation, je m'étais serré la ceinture pour solder mon emprunt étudiant à coups de remboursements anticipés, avant de donner ma démission en septembre 2015 – au grand dam de mes parents, très contrariés de me voir quitter un emploi stable et rémunérateur. Dans ma famille en général, on s'était étonné qu'une jeune femme réputée sérieuse fasse une telle sortie de route. Le terme de « fuite » m'était revenu aux oreilles comme un larsen. J'étais un peu marrie que mon choix fût si mal compris de mes proches, mais aucun de ces avis n'avait ébranlé ma décision. Je savais que je n'étais pas en fuite : au contraire, je cessais de me mentir à moi-même. J'appréciais de mener un train de vie dénué de tout tracas financier, mais était-ce ce dont j'avais le plus besoin ? Il me semblait que non. Ce n'était pas vraiment une question de bonheur, car ce que je souhaitais, avant tout, c'était de m'accomplir – ce qui est différent. Trouver mon vrai chemin. J'avais signé un pacte avec moi-même en m'accordant un an pour développer mes talents supposés et tâcher de percer dans l'une des voies que mon cœur appelait : écriture et peinture. En parallèle, j'avais trouvé un « job » alimentaire dans l'enseignement pour payer ma nourriture, mon loyer dans une petite colocation, ainsi que le minimum nécessaire à ma vie quotidienne – je suis heureusement capable de vivre sobrement. Le fait d'avoir un travail lié à l'enseignement m'avait enfin permis de profiter des vacances scolaires pour mener des missions opérationnelles de réserve militaire, et c'est ainsi que je m'étais retrouvée avec mes camarades pour une mission « Senti-Noël » de deux semaines dans Paris.

Nous commencions nos patrouilles à 8 heures du matin et terminions le lendemain à la même heure. Nos journées de vingt-quatre heures étaient rythmées par environ quatre pauses de deux heures chacune, pour manger ou faire une courte sieste. Une journée de relatif repos suivait, consacrée à l'instruction, au sport et à la sieste. Puis nous recommencions. À mon grand soulagement, la mission de planton de monument nous avait été épargnée, et nous avions la chance d'effectuer des patrouilles mobiles par binômes de véhicules. Mon grade de caporal, ainsi que le fait que je détenais le permis de conduire depuis plus de deux ans, m'avait désignée comme chauffeur principal de mon équipe : cette responsabilité impliquait de conduire au moins douze heures par jour dans Paris, caparaçonnée par un encombrant gilet pare-balles appelé FRAG et chaussée de rangers Meindl dont la rigidité rendait mes coups de frein plutôt sportifs. Nous « grenouillions » dans le nord et l'est de Paris, sur une zone répartie entre le dixième, le onzième, le dix-huitième, le dix-neuvième et le vingtième arrondissement, et étendue aux villes alentour. Nous faisions des bonds entre les points jugés « sensibles » – hôpitaux, églises, garderies juives, synagogue. Chaque jour, nous passions devant l'Hypercacher, le Petit Cambodge et le Bataclan. Tristes mémentos…

Ces deux semaines de patrouilles m'avaient fait découvrir la réalité nocturne de ce qu'on appelle encore « la Ville lumière » : dans certains arrondissements parisiens ou quartiers de proche banlieue, nous remontions des rues lugubres et mal famées aux airs de dépotoirs. Même des lieux connus de moi prenaient, de nuit, un éclairage inquiétant – entre les drogués de la gare du Nord, les rixes sous les ponts de Saint-Ouen et les files de camionnettes de prostituées nigérianes du bois de Vincennes, aux cabines glauquement éclairées. Je voyais Paris avec les yeux de l'observateur, non plus ceux du passant indifférent. Dans la voiture, la radio des forces de l'ordre, que nous écoutions pour pouvoir vite intervenir en cas d'attentat, égrenait des cortèges d'agressions et de vols. Elle nous apprenait la distribution de tracts de propagande islamiste dans les boîtes aux lettres de nos concitoyens – une pratique parmi tant d'autres. Mes camarades, visiblement blasés, s'étonnaient de ma surprise : « Bah quoi ? Tu ne savais pas ? » Non, je ne savais pas. Je découvrais, ébahie, l'évident sentiment d'impunité des islamistes. Lors d'une patrouille aux abords du marché de Belleville, j'avais pris en photo un homme à la barbe démesurée distribuant des journaux d'Al-Qaïda à la sortie du métro sans que personne ne semble s'en émouvoir. Plus troublant encore : à quelques semaines des attentats du Bataclan, c'est avec effarement que j'avais vu se braquer sur moi des regards haineux tandis que notre voiture progressait lentement au milieu de rues bondées du quartier de Château-d'Eau.

Mes camarades et moi étions militaires. Nous représentions l'autorité de l'État. Nous incarnions la France. Et pour ces raisons, nous étions honnis.

Ma seconde mission Sentinelle avait eu lieu dans la banlieue parisienne ouest, pendant l'été 2016. Nous logions au camp des Loges de la ville de Saint-Germain-en-Laye et menions la plupart de nos patrouilles dans l'est des Yvelines, où nous passions des quartiers paisibles, cossus et verdoyants de Chatou aux sinistres boulevards de béton des Mureaux. Nous faisions également des rotations de gardes statiques devant des crèches juives, des synagogues ou du côté de la traditionnelle fête foraine de Saint-Germain-en-Laye – dite « Fête des Loges ». Un soir, nos chefs avaient accroché dans les couloirs de nos bâtiments les photos de deux ou trois hommes à la mine patibulaire. Ils avaient dit : « Les gars, on est en alerte. Il paraît que ces types pourraient tenter quelque chose à la Fête des Loges, ce soir. » Nous nous étions couchés habillés et bottés, prêts à intervenir si nécessaire. Heureusement, le pire n'avait pas eu lieu. Mais je m'étais demandé combien d'attaques potentielles étaient fomentées chaque jour et comment nos services parvenaient à discerner une véritable menace parmi une multitude de projets d'attentats. La tâche me semblait impossible…

Une chose est certaine : ces deux missions Sentinelle ont été pour moi une prise de conscience capitale, et l'évanouissement de beaucoup d'illusions.

J'avais vu l'envers du décor. Je n'étais pas près de l'oublier.

C'est à cette époque que j'avais découvert le combat que menaient les Kurdes contre le terrorisme islamiste en lisant le livre *Mourir pour Kobané* de Patrice Franceschi. Franceschi s'était engagé auprès des Kurdes de Syrie dès le début de la guerre menée contre l'État islamique. À l'époque, personne d'autre que lui n'avait répondu à leur appel – ni politique, ni diplomate, ni écrivain, ni philosophe. Dans son livre, il parlait de deux corpus de valeurs s'affrontant férocement dans cette partie du monde : l'un rêvant d'instaurer un État de droit, le second projetant de détruire jusqu'à la notion même de démocratie. Des Kurdes, de culture musulmane mais laïcs et tolérants, face à Daech. Le Code civil contre la charia.

À travers *Mourir pour Kobané*, j'avais découvert le nom de Yapajas. Le portrait de ces héroïnes aux longues tresses, prêtes à donner leur vie pour défendre leur peuple et sauver la liberté, m'avait frappée. J'avais pensé : « Nous avons les mêmes ennemis. » Les attentats du Bataclan n'avaient-ils pas été commandités depuis Raqqa, la capitale du califat islamique ? Mon engagement était bien modeste, comparé au leur. Pourtant, elles – là-bas – et moi – ici, nous étions des femmes portant l'uniforme, qui combattions le terrorisme. Un fil invisible venait de me relier à elles. J'avais pensé les rejoindre.

De nombreux volontaires étrangers s'étaient déjà engagés à leurs côtés, dont quelques dizaines de Français. Ils étaient d'anciens militaires, d'ardents anarchistes, d'idéalistes communistes ou de simples civils. Certains étaient venus dans ce coin de Syrie pour pourfendre les islamistes qui attaquaient l'Occident, d'autres pour venir en aide aux yézidis et chrétiens d'Orient que Daech exterminait, d'autres pour soutenir le projet d'autonomie anticapitaliste et féministe porté par les Kurdes. Si mon expérience Sentinelle m'avait d'abord amenée à préférer la première de ces raisons, j'avais rapidement embrassé les deux autres. Toutes me semblaient également valables. Et pourtant, je n'osais partir. Comme tant d'autres jeunes que cette cause appelait, j'appréhendais de m'embarquer dans cette dangereuse aventure. Mais, surtout, je craignais le tsunami que mon départ provoquerait dans ma famille.

Non, je ne pouvais pas partir maintenant : « J'attendrai le bon moment », avais-je pensé. Je ne savais pas quand cela arriverait, mais j'en étais certaine :

Un jour, je rencontrerais les Yapajas.

III.

TE IPSUM VINCERE

Février 2018 – État du Maryland, États-Unis d'Amérique

Savez-vous que des gens très sympathiques peuvent faire des boulots de salauds ? Si vous en doutez, permettez-moi de vous soumettre un argumentaire commercial publié par l'entreprise pour laquelle je travaillais comme rédactrice en 2018. Ce texte – que je vous traduis de l'anglais en français – avait connu un succès commercial considérable auprès de nos prospects anglophones quelques années auparavant. Il m'avait été donné en exemple durant une formation et j'étais censée m'en inspirer pour mes propres écrits :

Notre Créateur a-t-il encodé un
REMÈDE CONTRE LE CANCER
à la 859e page de l'Ancien Testament ?

Les oncologues sont stupéfaits ! Les cancers en phase terminale réputés incurables disparaissent en quelques semaines… ZÉRO effet secondaire douloureux… [Vérifié par des recherches indépendantes de l'Université de Californie du Sud, du Mt. Sinai Medical Center de Chicago et de l'Université de Floride du Sud.]

Cher ami,

La Sainte Bible pourrait-elle contenir le secret pour éliminer la pire maladie à laquelle l'humanité ait été confrontée ? […]

S'il vous plaît, comprenez… si un être cher lutte contre le cancer en ce moment… ou si vous le combattez vous-même… ce message pourrait être le plus important que vous ayez jamais entendu.

[…]

Soigneusement dissimulée dans les anciennes écritures…
il existe une CURE de pointe contre le cancer.

C'est un ensemble d'« instructions » encodées dans le chapitre 4 de Matthieu…

Et lorsque vous suivez ces instructions, quelque chose de vraiment miraculeux se produit…

Le cancer… tout type de cancer… ne peut plus survivre dans votre corps.

Je ne me souviens pas exactement quel mot m'est venu à l'esprit au moment de lire cet argumentaire. Je crois m'être dit qu'il était honteux. Ignoble. À vomir. Comment pouvait-on faire un truc pareil ? Jouer sur le désespoir des gens… Tout ça pour ne même pas donner le nom du pseudo-remède que, sur plus de dix pages, on avait promis de révéler ! Car évidemment l'auteur de l'argumentaire, qui se présentait comme un philanthrope, demandait finalement au lecteur de s'abonner à son service de conseil santé pour apprendre le nom du médicament miracle – et bénéficier en sus d'une foule d'autres conseils « lifestyle ».

Je travaillais pour la branche financière de l'entreprise, et non celle dédiée à la santé. Mais peu importait : le but, en me donnant cet argumentaire comme modèle, était de nourrir mon esprit d'exemples prolifiques. Après tout, le principe était le même, quel que soit le domaine : manipuler les gens pour prendre leur argent. Dans l'un, on promettait à des malades désespérés de guérir du cancer grâce à une poudre de perlimpinpin ; dans l'autre, on promettait à des personnes crédules de gagner 15 millions de dollars en trois jours.

« Est-ce que je reste ? Est-ce que je m'en vais ? » J'étais partagée. Cela ne faisait que quelques semaines que j'étais aux États-Unis. Quelques semaines que j'avais décroché ce poste de rédactrice commerciale au sein d'une PME parisienne dont la maison mère se trouvait non loin de Washington. Je dois reconnaître que ce travail, sur le papier, avait tout pour me plaire : il requérait une formation commerciale, un esprit curieux et une bonne aisance rédactionnelle. J'avais tenté de me persuader qu'il réglerait enfin le conflit intérieur qui me tiraillait depuis des années. Puisque je m'étais de nouveau résignée à oublier mes rêves d'écriture, je me consolerais en exerçant le métier vaguement créatif de rédactrice commerciale… Compromis… Il fallait faire un compromis…

En effet, l'année que j'avais consacrée à l'écriture et à la peinture n'avait débouché sur rien de concret. Je m'étais donné ma chance – pensai-je – et ça n'avait pas marché. « C'est la vie. Au moins, tu n'auras pas de regrets », m'étais-je raisonnée pour aller de l'avant. Presque aussitôt, j'avais signé un contrat de dix mois comme chargée de communication, au terme duquel je m'étais envolée pour un voyage en sac à dos de trois mois en Amérique du Sud, seule. Libre. Mon cœur, en me poussant ainsi à voyager, tentait-il de rappeler à mon cerveau qu'il avait longtemps rêvé d'une vie aventureuse et romanesque ? À moins que ce ne fût le contraire : un pot-de-vin donné par le second au premier pour sceller un pacte – celui de me laisser rentrer dans le rang après un dernier tour de piste. À mon retour, je m'étais immédiatement mise en recherche d'un nouveau travail, sérieusement mais sans enthousiasme : à vingt-huit ans, j'avais encore l'impression d'avancer dans le brouillard et d'aller de carrefours en impasses. Mais soudain il y avait eu cette offre de rédactrice d'une entreprise de conseil parisienne qui promettait de m'envoyer en formation aux États-Unis dès mon contrat signé. Partir aux États-Unis… Rejoindre une entreprise appartenant à un grand groupe de presse indépendante américain… L'idée était séduisante : elle avait un parfum de succès. Ragaillardie, j'avais signé mon contrat en taisant la petite voix qui me disait que je faisais fausse route – encore. De toute manière, la période d'essai était de six mois. J'avais le temps de voir venir…

« *This is simply the best "copy training" in the world* – C'est la meilleure formation de *copywriting* au monde ». Telle était la légende dont mes collègues américains, canadiens, australiens et anglais auréolaient notre programme. Nous y apprenions le copywriting – une technique rédactionnelle très agressive qui cartonne depuis plusieurs décennies dans les pays anglophones. Le but était d'écrire un texte à tout casser qui rapporterait un maximum d'abonnements à nos services de conseil et donc un paquet de fric – « *a bunch of money* ». Pour y arriver, certains se rendaient au bureau dès 5 heures du matin, pour ne partir que très tard le soir. Cela ne nous semblait pas un gros sacrifice car nous étions passionnés par notre job et, qui plus est, très bien traités pour le faire : confortable appartement de fonction, salle de sport… Et puis, la récompense était alléchante : « Certains copywriters gagnent plusieurs dizaines de milliers d'euros de bonus sur leurs messages », nous disait-on. Nous étions les stars de la boîte ; ceux qui écrivaient les argumentaires qui généraient les gros sous. Peu importaient notre âge ou notre cursus : plus que des curriculum vitae parfaits, le groupe auquel appartenait mon entreprise voulait des gens capables d'abattre une quantité de travail considérable, dotés d'une certaine créativité, audacieux, malins… et sans scrupules. Ne croyez pas que cela se lisait sur leur visage : c'est tout le contraire. Formateurs, collègues, tous étaient extrêmement normaux. Tout à fait aimables et gentils. Ils considéraient ce job comme la chance de leur vie – pour les plus âgées, celle d'offrir plus de confort à leurs familles et, pour les plus jeunes, celle de constituer un petit pactole qui leur permettrait de lever le pied à quarante ans pour mener la belle vie. De même pour mon chef, yeux chaleureux et barbe soignée. Il aurait été si facile de le mépriser s'il avait eu l'air d'un sale type – mais non : je le trouvais très sympathique.

Au début, je n'avais pas voulu me focaliser sur les côtés négatifs de mon expérience américaine. La formation était géniale : tout était tellement audacieux, ludique et original ! Ne serait-ce que dans la manière d'appréhender notre cible : au début de notre *copy training*, une petite figurine en plastique et caoutchouc figurant un grand-père moustachu portant une salopette nous avait été offerte. Nos formateurs nous avaient dit de la poser sur notre bureau : « Voici Bob, notre cible. C'est un *average Joe* – un type banal – plutôt aisé mais pas trop non plus : un CSP+ à la retraite ou sur le point de l'être. Il est frustré de sa fin de carrière et sa femme l'emmerde probablement le soir parce qu'il n'a pas ramené autant d'argent qu'il aurait dû et que leur retraite sera moins confortable que prévu. Bob doit être votre obsession. Vous devez tout savoir de lui : quels sont ses rêves ? Quelles sont ses craintes concernant le futur ? Quels sont ses investissements préférés ? Que pense-t-il de Donald Trump ? Voilà les questions que vous devez vous poser sur ce mec. Et c'est en fonction de ça que vous devez écrire votre argumentaire. À chaque fois que vous rencontrez un type qui semble correspondre au profil de Bob, sympathisez avec lui, questionnez-le l'air de rien. Que ce soit dans la rue, dans un café, dans un bar… Apprenez-en plus sur lui. Sachez tout de lui. » Pour mettre en pratique ces conseils, nos formateurs nous avaient fait la surprise d'une expérience terrain en nous parachutant au casino de la ville pour ferrer un « Bob ». Nous devions le repérer, puis nous lier d'amitié avec lui afin de le cuisiner. J'avais été épatée par cette idée drôlement culottée : je ne pouvais m'empêcher de penser qu'une entreprise française n'aurait jamais été si inventive. Mais au fond de moi, j'étais gênée par le procédé : était-ce moral de prendre les gens comme cobayes ? Au bar du casino, le soixantenaire aux airs de grand-père sur qui j'avais jeté mon dévolu m'avait offert une bière et raconté sa vie faite d'occasions manquées, de rêves inassouvis et de regrets. Je n'avais pas eu le cœur à l'interroger sur son épargne ou ses affinités politiques.

Il y avait une bonne raison à ce que nous disséquions à ce point les pensées de Bob : nos formateurs, deux quarantenaires aux faux airs de hipsters, parfaite alliance de l'exigence et du cool, nous avaient expliqué qu'il existait deux types de leviers fondamentaux pour convaincre notre cible de s'abonner à nos services de conseil : l'appât du gain et la peur. En la matière, rien n'était jamais trop gros : sensationnalisme, catastrophisme, complotisme… Il n'y avait aucune limite morale. « Merci pour ce bel exemple de manipulation de masse », avait un jour conclu l'un d'eux au terme de notre conférence téléphonique hebdomadaire, à laquelle équipes marketing et *copywriting* dispatchées dans le monde entier se connectaient pour boire les conseils dispensés par nos invités-experts. Quant aux promesses de gains que nous faisions dans nos messages, elles étaient tout simplement délirantes : « Pourquoi utiliser le conditionnel dans vos messages ? » disaient nos formateurs comme si nous manquions de la logique la plus élémentaire, « personne ne *voudrait peut-être* gagner un million de dollars. Les gens *veulent* gagner un million de dollars. Ne leur dites donc pas *vous pourriez gagner* mais *vous allez gagner.* Ils veulent que vous les assuriez de ce gain. Alors parlez-leur au futur. C'est aussi bête que ça. »

J'étais tiraillée : ce que je lisais me faisait parfois tomber de ma chaise, mais je n'avais pas envie de mettre fin à cette expérience américaine. Je trouvais beaucoup d'avantages à cette vie – moi qui, orgueilleuse, me croyais incorruptible sur le plan moral ! Mon job était passionnant. J'avais un super appart. J'aimais beaucoup mes collègues. Je vivais une petite histoire avec un adorable Américain. Je passais mes week-ends à Washington ou New York. Tout semblait si simple. Tout marchait si bien – enfin ! Parfois, il m'arrivait de penser qu'il serait agréable de continuer ainsi. De profiter. L'époque n'était-elle pas au développement personnel ? Au lâcher-prise ? D'accord, ce boulot était d'une éthique douteuse – mais était-ce si grave ? Pendant des années, j'avais consacré mes week-ends et vacances à la réserve militaire, et mes étés à l'Association des paralysés de France. J'étais fatiguée d'essayer d'être « quelqu'un de bien » ; de chercher à donner du sens à chacune de mes actions. Je pouvais décider, à présent, de ne plus me soucier de la marche du monde.

Un coup de taser était venu me réveiller de ma léthargie morale quelques semaines plus tard, en mars 2018. C'était un taser kurde. J'avais découvert sur le Net les dernières images et vidéos qui circulaient au sujet de la bataille d'Afrine. La poche d'Afrine, terre ancestrale kurde boisée et montagneuse que beaucoup considèrent comme « la rose du Rojava », avait été envahie le 20 janvier 2018 par l'armée d'Erdogan dans le cadre d'une opération baptisée « Rameau d'olivier ». Les violences que la soldatesque turque et ses supplétifs infligeaient aux Kurdes étaient d'une cruauté insoutenable : enfants aux jambes arrachées, torses dont les peaux à vif ressemblaient à de la chair à saucisse, corps carbonisés dans des voitures brûlées, paysans égorgés au canif. Mais une vidéo, surtout, m'avait soulevé le cœur : celle d'une Yapaja tombée aux mains de supplétifs islamistes. Ces bourreaux, après avoir martyrisé son corps qu'un treillis en lambeaux offrait à tous les regards, écrasaient ensuite son visage à coups de pied sous les rires gras de leurs complices. J'avais fixé la longue tresse poussiéreuse qui traînait sur le sol en me demandant comment je pouvais être tranquillement assise sur mon lit *king size* alors que mes héroïnes se faisaient massacrer pour défendre leur peuple, la liberté et la démocratie. Tout d'un coup, ma vie égoïste de termite heureux m'avait semblé insupportable.

À mon retour en France au début du mois d'avril, j'avais contacté Patrice Franceschi.

À ma grande surprise, il avait salué mon désir de défendre la cause kurde, mais tempéré mes ardeurs guerrières. Il m'avait dit : « Il y a beaucoup de chances pour que tu restes à l'arrière et ne voies jamais le front. Crois-moi, Katell, tu pourrais être plus utile ailleurs. » Il m'avait proposé de rejoindre une équipe constituée par lui et Khaled Issa, représentant des Kurdes en France, pour créer un centre culturel francophone au Rojava afin de resserrer les liens entre la France et les Kurdes. Nous nous étions envolés à la mi-juillet 2018, quelques semaines après que j'eus donné ma démission. Jamais je n'ai regretté cette décision : aujourd'hui, je ne peux m'empêcher de sourire lorsque je regarde la figurine en plastique de Bob – souvenir de mon expérience américaine de copywriting. Je la vois désormais comme un épouvantail, le symbole de ce que je ne veux plus jamais redevenir : un parasite de la société. En rejoignant la cause que mon cœur appelait depuis tant d'années, j'accomplissais ma révolution personnelle – comme une nouvelle naissance. J'avais le sentiment que ma vraie vie commençait. Longtemps, j'avais confié les rênes de mon destin à d'autres mains que les miennes. Mais je ne pouvais nier ma part de responsabilité dans ces égarements. J'avais accepté de tenir compte des ambitions et des inquiétudes que mes proches avaient eues pour moi : elles étaient devenues mon excuse. Pendant près d'une décennie, j'avais refusé de tenir compte des intuitions que mon cœur me soufflait, comme des alertes que mon corps m'adressait. Enfin, je comprenais que sous des dehors raisonnables et réfléchis, j'étais un être passionnel et passionné. Et de toute évidence, je ne changerais pas.

Si je ne suivais pas coûte que coûte ma sensibilité et mes convictions, je passerais à côté de ma vie.

Mes yeux ainsi dessillés avaient été frappés par une autre révélation : ma première jeunesse s'était déjà envolée. J'avais épuisé ces précieuses années dans des compromis hostiles à ma nature profonde. Mais je ne pouvais m'en prendre qu'à moi-même. En réalité, personne ne m'avait forcée car, mis à part quelques ruades, je ne m'étais jamais vraiment rebellée. J'avais manqué de clairvoyance, de courage et de persévérance. Au fond, j'avais été ma propre geôlière.

À présent il s'agissait de rattraper le temps perdu et de ne plus me laisser impressionner par les obstacles dressés sur mon chemin. Peu de choses sont réellement insurmontables. Le problème, souvent, est ailleurs : dans le regard que l'on porte sur ces choses et l'état d'esprit avec lequel on les aborde. Alors depuis, pour ne pas subir, je me répète cette devise :

Te ipsum vincere.

C'est toi-même qu'il faut vaincre.

L'été 2019, j'étais retournée au Rojava pour intégrer un bataillon de combattantes kurdes avec le projet d'écrire un livre sur cette expérience. Un livre de combat, pour contribuer à défendre le projet de société féministe, écologique, démocratique et socialiste porté par les Kurdes, et les soutenir en tant qu'alliés de la France contre le terrorisme.

IV.

CE N'EST RIEN, CAMARADE

Août 2019 – région de Tel Tamar, Kurdistan syrien

La nuit était charbonneuse, l'air un peu frais et comme pénétré d'argile.

Au loin, sous un auvent de métal, la carrosserie de nos vans et blindés de fortune brillait à la lumière du faisceau électrique que l'église en ruine projetait depuis son clocher – resté, lui, intact. Ici, dans l'ancienne Mésopotamie, vivaient encore les descendants des tout premiers chrétiens de l'histoire de l'humanité, arrivés sur ces terres il y a deux mille ans. Syriaques, Assyriens, Chaldéens, Araméens… Ces derniers, qui avaient supporté massacres et génocides, n'étaient plus très nombreux : bientôt, plus personne sur terre ne parlerait la langue du Christ. Abandonnés par l'Occident qui leur devait pourtant son unité, les chrétiens d'Orient assistaient à la lente agonie de leur civilisation. Les islamistes y veillaient avec une attention particulière : avant d'abandonner ce hameau, ils avaient pris soin de détruire tout symbole de cette religion honnie. Ainsi l'église, que mes camarades kurdes appelaient « clisse », n'était plus qu'une carcasse blanche hérissée de tiges métalliques dont certaines, tordues comme des spaghettis, supportaient encore des tronçons de marbre suspendus dans les airs. Des pierres et des morceaux de parpaing jonchaient le sol, et les longues croix tréflées qui ornaient autrefois les côtés du bâtiment étaient fichées dans la terre du jardinet, devenu terrain vague. Les tuiles des clochetons qu'arpentaient de beaux pigeons noir et blanc se hérissaient comme de grosses écailles soulevées.

Mes camarades et moi nous positionnâmes sur trois colonnes parallèles, tenant nos kalachnikovs par leur canon, crosse contre terre. Au signal d'Evrim, la numéro 2 du bataillon, nous soulevâmes nos armes pour les plaquer en travers de notre poitrine et courûmes sur quelques mètres pour nous retrouver à sa hauteur, avant de pivoter d'un quart de tour à gauche pour que les colonnes devinssent des lignes.

D'une voix forte, Evrim, nous demanda :

« *A serkeftin ?* » (Jusqu'à la victoire ?)

Toutes nous répondîmes : « *A serkeftin !* »

Les garde-à-vous s'enchaînèrent et, sur un mot d'Evrim, les cheffes de colonne annoncèrent les effectifs. Nous reçûmes quelques consignes pour la matinée et notre rassemblement éclair fut clôturé.

C'était tout. Il était 4 h 5 du matin.

Rassemblées en une unique colonne cette fois, nous partîmes pour une marche dans la nuit finissante. Nous traversâmes le hameau abandonné qui abritait mon nouveau bataillon, rejoint le soir précédent. J'avais découvert avec étonnement ce hameau fantôme que traversait par une large allée bitumée flanquée de maisons abandonnées, souvent percées ou décapitées, dont les murs paraphés de sinistres écritures noires témoignaient du passage des islamistes. Pas âme qui vive. Seuls les vitupérations d'un coq, les bruits gutturaux de dindons ou les apitoiements d'un âne émaillaient parfois ce silence de mort. Un véritable décor de far west.

Nous le quittâmes pour emprunter une piste bordée de hautes herbes où de grands chardons secs, hargneux, accrochaient parfois nos pantalons de treillis. Tandis que mes camarades maintenaient leurs bras le long du corps, mon cœur romantique me poussait à étendre discrètement les miens pour caresser quelques graminées. La campagne de Tall Tamer étendait son manteau jaune taché de bosquets épars où se cachait parfois une chapelle que la croix de son clocher trahissait. Bientôt, nous marchâmes à travers des champs ébouriffés qui ondulaient sur de larges talus, et j'imaginai le tableau, plus poétique que martial, que devaient offrir nos silhouettes se détachant devant le soleil levant qui dissipait progressivement la brume de la nuit. J'étais heureuse. La peine que j'avais ressentie au moment de quitter le *tabûr* Şehid Arine s'était évanouie très vite en découvrant le *tabûr* Şehid Zelal : je m'attachais de plus en plus à mes nouvelles amies. Elles étaient quinze, âgées de vingt à vingt-cinq ans pour la plupart.

Elles s'appelaient « Tigre », « Destinée », « Mélodie », « Narcisse », « Lumière », « Volonté » ou « Ce que donne le jour » – en kurde : Dijle, Destan, Awaz, Nerguiz, Ronî, Viyan, Roleda. Elles étaient adorables et pleines de petits défauts – donc très touchantes. À la fois exceptionnelles et très humaines. Étaient-elles si belles qu'on le dit ? Certaines, oui : le port de tête, la silhouette gracile et l'ovale du visage de Nerguiz me faisaient penser qu'elle n'aurait pas dépareillé sur la scène de l'Opéra Garnier. Roleda, avec son teint légèrement ambré, ses yeux ténébreux, ses cheveux noirs épais et son nez très pointu, avait des airs de petite Cléopâtre. Il y avait aussi Zilan, dont les traits pleins, le teint pâle et la chevelure bouclée évoquaient une beauté galiléenne. Mais toutes n'étaient pas belles, bien sûr. Du moins leur beauté ne correspondait-elle pas à nos canons occidentaux. Toutes les Yapajas n'étaient pas des Lara Croft. Ainsi ma cheffe Dijle – une jeune femme très pâle, aux yeux charbonneux, dont les cheveux d'un noir insondable tombaient jusqu'aux genoux – dégageait-elle un magnétisme de chamane, bien qu'elle ne fût pas jolie. Mes camarades, même communes, rayonnaient d'un charme singulier : de cette élégance sobre et sans fard qu'arboraient autrefois les jeunes paysannes européennes, et dont témoignent encore quelques photos sépia cachées dans de vieux livres. Mais ce temps ne durerait pas, je le savais : avec les années, leur taille s'élargirait, leur dos se tordrait ; un jour, une mine leur arracherait un doigt ou un morceau de pied, les condamnant à boiter à vie. À moins qu'une balle ne se charge de les estropier autrement. C'était inéluctable. À présent j'avais vu suffisamment de Yapajas pour voir l'effet qu'une vie de combat, de privations, de sommeil fractionné, de mauvaise alimentation, de stress et de blessures avait sur elles. Il n'y avait pas de temps pour se regarder dans le miroir ou prendre soin de sa santé. Les Yapajas vivaient en uniforme, dormaient en uniforme – tous les jours de l'année, sans week-end ni vacances. Certes, nous connaissions, au moment de mon séjour, une période de paix relative durant laquelle l'élimination des cellules dormantes de Daech ne relevait pas des bataillons classiques, mais des forces spéciales kurdes – appelés HAT. Mais il ne fallait pas baisser la garde, car rien n'était gagné. Le Rojava demeurait coincé entre la peste syrienne et le choléra turc : le régime de Bachar el-Assad attendait son heure pour vassaliser à nouveau le peuple kurde et Recep Tayyip Erdogan menaçait d'attaquer à tout instant. La guerre ressemble rarement à la succession de blitzkriegs que montrent les films – et c'est heureux car, sans cela, jamais plus un spectateur n'irait au cinéma, de crainte de mourir d'ennui. La guerre est longue, lente, usante. « Pour parure j'ai mes armes et pour repos le combat » : cette devise inventée par Cervantès pour Don Quichotte était faite pour mes camarades. Oui, leur beauté, un jour proche, s'envolerait pour ne jamais revenir. Mais il resterait à ces femmes d'exception quelques attraits inestimables : la profondeur du regard, la puissance d'une gueule, la fierté de leur démarche. Le charisme des guerrières. Et leur chevelure de Samson : allergiques au maquillage qui symbolisait pour elles futilité et soumission aux diktats capitalistes, les Yapajas prenaient en revanche grand soin de leurs cheveux qu'elles enduisaient d'huile et rinçaient avec des décoctions d'oignon ou de camomille. Nous nous peignions en file indienne, et j'aimais tresser leurs mèches de perles ou de fins foulards colorés. « Camarade Kewê, pourquoi tu as les cheveux courts ? » demandaient mes amies en contemplant ma coupe de garçon manqué d'un air chagrin. « Tu serais beaucoup plus jolie avec les cheveux longs ! » Leurs tresses d'héroïnes romantiques, étendard de leur féminité, avaient fait le tour du monde et contribué à leur légende.

Tout au long de la journée, nous nous répartissions l'exécution des différentes tâches et missions du bataillon : tours de garde sur le toit de l'école dans laquelle nous dormions, patrouilles aux abords du hameau, cueillette au potager, préparation des repas, formation idéologique ou militaire, et travaux divers dont la réalisation était parfois dangereuse. Combien de fois ai-je vu une camarade, seulement chaussée de claquettes, escalader une façade ou sauter de toit en toit pour réparer une antenne ou remplir une citerne ? Mes amies s'étonnaient des précautions que je les priais de prendre – comme si rien de vraiment grave ne pouvait leur arriver. Se blesser, s'ébouillanter en cuisinant, chuter du haut d'un mur… Tout cela était normal.

Le soir de mon arrivée, une Yapaja du nom d'Awaz avait déroulé le bandage qui prenait tout son bras droit pour laisser une camarade l'examiner. J'avais retenu un cri d'horreur en découvrant ce qu'il cachait sous l'épaule gauche : une boule sous la peau grosse comme un œuf, aux bords pelés et jaunis, le centre rose et suintant comme une tranche de salami. Elle était apparue deux mois plus tôt et l'on avait tenté – quelle idée – de la soigner avec des aplats d'oignon. Awaz en avait deux autres comme ça – moins purulentes toutefois. En voyant mon air effaré, elle avait eu un petit sourire : « *Tiştek nabe, heval* » (Ce n'est rien, camarade).

De quoi pouvait-elle bien souffrir ? Infection, maladie de la peau, cancer ? De toute manière, qui aurait pu la soigner ici, au fin fond du Kurdistan syrien ? Il n'y avait rien d'autre à faire que de jouer les trompe-la-mort. En la voyant, je pensai à la souffrance qui jalonnait l'existence de nos aïeux, autrefois : la pénibilité des travaux quotidiens, les douleurs intraitables, les maladies incurables, les accidents graves. La douleur, comme le malheur, faisait partie de la vie.

Un soir, couchée sur ma banquette, j'avais pensé à mon arrière-grand-mère maternelle : j'avais appris des années après sa mort les tragédies qui avaient marqué sa jeunesse. Sa famille proche, d'abord, avait été frappée d'une véritable hécatombe. Puis la tuberculose avait emporté son mari – mon arrière-grand-père. À trente ans seulement, elle s'était retrouvée veuve, presque sans ressources, avec trois enfants à élever. À une époque où aucune femme de son milieu ne travaillait, elle s'était fait embaucher comme représentante de commerce, puis comme responsable de laverie automatique, enfin comme assistante administrative. À l'âge de la retraite, elle avait emménagé dans une petite maison rustique et isolée en bordure de bois, où elle avait vécu jusqu'à ses derniers jours. Fan du PSG et passionnée du Tour de France, cette femme douce mais forte, qui avait longtemps regretté de ne pas être née homme pour embrasser une carrière de marin, était connue pour cacher un revolver sous son oreiller afin de se défendre en cas d'intrusion chez elle – et ce portrait de personnage de roman plaisait à l'enfant que j'étais. Drôle, vive d'esprit, généreuse et volontaire, elle avait gardé très longtemps ce regard humide et chaleureux où je lisais espièglerie et bonté. Dire qu'il avait fallu que je me trouve au beau milieu du Kurdistan syrien pour me rappeler ces moments passés avec elle... Et que me saute à la figure cette évidence : Jeanne, mon arrière-grand-mère, ne se plaignait pas. Jamais. Et les Yapajas sont ce qu'elle était.

Un matin, une voiture déposa une combattante inconnue de moi aux portes de notre *tabûr*. Plutôt voluptueuse, très grande pour une Yapaja, elle portait un treillis d'un noir uni – peu commun. Nous la reçûmes avec respect et l'installâmes dans notre pièce à vivre, où notre cheffe Dijle la rejoignit. On m'appela pour me présenter officiellement à la nouvelle venue – en tant que Française, j'étais un peu la mascotte du bataillon. Une camarade nommée Viyan – Volonté –, véritable géante à la beauté virile, nous rejoignit quelques minutes plus tard. Elle salua notre invitée et les deux femmes se serrèrent dans une très brève accolade. L'inconnue couvait Viyan d'un regard bienveillant et ma camarade piqua un fard, avant de fixer le bout de ses pieds en souriant – un accès de timidité déconcertant venant d'une combattante au caractère si trempé. L'inconnue saisit un sac plastique posé à ses pieds, en sortit un flacon de parfum rouge où était écrit « Amour Amour » – évidente contrefaçon d'une célèbre fragrance à consonnance italienne. Cette attention me parût d'autant plus touchante qu'elle contrevenait sûrement à la doctrine anticapitaliste des Yapajas. Mais l'envie de faire plaisir l'avait visiblement emporté… « Tu verras, il sent très bon », entendis-je. Le visage de mon amie, déjà rouge, devint presque cramoisi de contentement. Face à face, les deux femmes rayonnaient. Je demandai discrètement à une camarade : « Qui est-ce ? » Elle me répondit : « Jinda – Don de la vie. C'est la sœur de Viyan. Elles ne se sont pas vues pendant quatre ans, depuis que Jinda est devenue Yapaja. » Cette phrase m'estomaqua : quatre ans ! Était-ce possible ? Leurs retrouvailles avaient été d'une telle pudeur, d'une telle sobriété, que la chose paraissait inconcevable…

Quelques minutes plus tard, alors que Viyan et Dijle se levaient pour quitter la pièce, je voulus faire de même. Mais Jinda m'interpella de sa voix douce et grave. « Tu t'appelles Kewê, n'est-ce pas ? Viens t'asseoir près de moi. » Je m'approchai et m'assis à sa droite, sur la banquette. À présent que je me trouvais près d'elle, je la voyais mieux. Tout était grand, chez cette femme : grands les yeux ;

grand le nez ; grande la bouche ; grande la mâchoire. Et grande la tresse lustrée qui descendait jusqu'au bas de son dos. C'était une belle femme, robuste. Pourtant, malgré sa beauté, Jinda ne rayonnait pas comme ces jeunes Yapajas charismatiques dont la révolution a fait ses ambassadrices. Son visage était inexpressif, presque éteint. Mais ses yeux, immenses et curieux, semblaient vous absorber. « *Tu vedixwî ?* » (Tu fumes ?), me demanda-t-elle en me proposant une Arden, que je refusai d'un geste de la main. « *Ne lazim e, heval* » (Ce n'est pas la peine, camarade), lui répondis-je. Je sortis de ma poche de poitrine un étui à cigarettes en métal ciselé, fin et élégant, et pressai de mon pouce le bouton situé sur la tranche. L'étui s'ouvrit comme un livre de contes. Jinda écarquilla les yeux. Elle saisit l'étui, le détailla avec admiration, avant de me désigner l'unique cigarette qu'il contenait et qu'une languette métallique maintenait droite : « *Vala y e* » (Il est vide). Elle prit la dernière cigarette, qu'elle me tendit, et vida l'intégralité de son propre paquet pour le placer dans mon étui. Je protestai, gênée de sa générosité. « *Th !* » me fit-elle d'un coup de menton. « *Tiştek nabe* » (Ce n'est rien).

Elle me posa quelques questions sur ma vie et mon engagement. Sa main, sèche, prit doucement la mienne. Elle en caressa le dos de son pouce. Elle m'écoutait distraitement mais son sourire, candide, me montrait qu'elle était heureuse. Soudain, la caresse s'arrêta et le regard de Jinda se perdit dans le vague. J'eus l'impression d'être assise à côté d'une femme sous hypnose. Autour de ma main, la sienne se fit lourde et molle. Je lui demandai : « *Hevala Jinda, tu çend salî y î ?* » (Camarade Jinda, quel âge as-tu ?). Elle sortit de sa torpeur et plaqua sa main contre son dos en réprimant une grimace de souffrance. Je la vis réajuster une large ceinture dorsale. « *Ez bist u heşt salime* » (J'ai vingt-huit ans), me répondit-elle. Elle avait un an de moins que moi mais en paraissait dix de plus.

Je poursuivis :

« Quelles batailles as-tu faites ? Où as-tu combattu ?

– Surtout Deir-E-Zor et Shengal, la pire que j'ai faite. »

Puis elle me parla de l'amitié profonde qui la liait à deux de mes cheffes – ses sœurs d'armes. Alors je lui demandai s'il lui arrivait de regretter son choix : « Être mère… avoir une famille… Tout ça n'est pas pour moi », me dit-elle. Elle poursuivit avec fierté : « Je suis l'aînée d'une famille de sept enfants, et nous sommes trois filles à être devenues Yapajas. » Elle se tut et son regard se perdit à nouveau : immobile, poignant, déroutant. Sa main n'avait pas lâché la mienne. Après quelques secondes d'absence, elle tourna son beau visage vers moi et me dit : « Je t'aime beaucoup, tu sais. »

Jinda ne put se séparer de moi de toute la journée, et exigea même que je dorme à ses côtés – ce qui contraria beaucoup mes camarades de chambrée.

Elle s'en fut le lendemain, sans me dire au revoir.

V.

LE VENT SE LÈVE

Durant mon premier séjour au Rojava, en 2018, j'avais rencontré une femme politique kurde du nom de Hevrin Khalef. Elle était la secrétaire générale du parti Avenir de la Syrie – une organisation civile pacifiste et progressiste réunissant Arabes, Kurdes et chrétiens dans un même combat contre l'État islamique, le régime de Bachar el-Assad et l'oppression turque. J'avais été frappée de la modernité, de la confiance et de la volonté qui se dégageaient d'elle : belle, rayonnante et charismatique, cette ingénieure de trente-cinq ans incarnait l'image parfaite de la femme moyen-orientale libérée du joug d'une société ultrapatriarcale.

Hevrin Khalaf fut assassinée le 12 octobre 2019 – trois jours après l'invasion du Kurdistan syrien par les Turcs, consécutive au lâchage des Occidentaux. Son véhicule roulait sur la route M4, qui traverse le nord de la Syrie d'ouest en est. Des supplétifs de l'armée turque se tenaient en embuscade. Ils criblèrent la voiture de balles et tuèrent son chauffeur. Sans doute ont-ils jubilé en reconnaissant le visage de la passagère assise sur la banquette arrière. Une femme politique kurde ! Quelle splendide prise de guerre ! Mais la tuer ne suffisait pas : il fallait la détruire lentement, l'anéantir.

Suad Khalaf, la mère de Hevrin, ne manqua rien du supplice de sa fille qui lui parlait au téléphone au moment de la fusillade. Elle entendit tout lorsque les djihadistes la traînèrent par les cheveux sur plusieurs mètres, avant de la violer, de lacérer ses jambes, de la frapper à la tête, de tirer plusieurs fois sur elle à bout portant, puis de broyer son corps à coups de pied.

Lorsque Suad Khalaf récupéra la dépouille de sa « *Dalalé* » (son trésor), c'est à peine si elle la reconnut : une poupée de chiffon. La moitié de son visage écrasée à l'intérieur de son crâne.

Le massacre de cette femme politique, bien loin d'être considéré comme une bavure, fut annoncé en grande pompe par les journaux turcs dès le lendemain. Ainsi l'un d'eux titrait-il :

« *À la suite d'une opération réussie, la secrétaire générale du parti Avenir de la Syrie, liée au parti politique terroriste PYD, a été mise hors d'état de nuire* ».

Où étaient les féministes françaises au moment où ce crime de guerre a été révélé ? Si quelques journalistes ont su lui rendre hommage, je déplore que sa mort n'ait pas eu le retentissement que son assassinat sauvage aurait dû susciter.

Aucune femme, en Occident, ne devrait ignorer qui était Hevrin Khalaf.

L'annonce de l'attaque d'Erdogan me trouva en France, où j'étais revenue pour quelques semaines de repos. Je pensais repartir très vite. Le destin en décida autrement.

Le 7 octobre 2019, j'entendis Donald Trump annoncer sa décision de retirer les troupes américaines du Kurdistan syrien.

Le 8 octobre, le retrait était effectif.

Le 9, les troupes turques envahissaient le Rojava – avec d'anciens combattants de Daech et Al Nosra dans leurs bagages.

Je voulus rejoindre aussitôt mes camarades. On me l'interdit jusqu'à nouvel ordre.

L'opération turque s'appelait « Source de paix » – ironie cruelle. De mes camarades restés là-bas, je reçus les vidéos de civils à moitié carbonisés ou hurlant à la mort en serrant dans leurs bras les corps éventrés de leurs enfants. Sur les téléphones portables des soldats et mercenaires qu'ils parvenaient à tuer, Yapajas et Yépégués trouvaient des vidéos de combattants kurdes torturés. Elles étaient d'une horreur indescriptible : boîtes crâniennes explosées à coups de crosse, membres découpés au couteau avec des cris de joie, tels des trophées. Je frissonnais en découvrant ces images. Désormais, chaque corps martyrisé n'était plus celui d'un anonyme loin de mon petit univers. Je n'avais qu'une crainte : reconnaître le visage d'une de mes camarades sur ces vidéos de torture. J'avais déjà eu la tristesse d'apprendre la mort de quatre d'entre elles : Dilovan Gever, le 13 octobre 2019, sur le front de Girê Spî ; Avaşîn Azad, Bermal Bahoz et Nupelda Bagok, les 13 et 18 octobre 2019, sur le front de Serêkaniyê. Leurs visages s'affichaient sur les sites Internet d'hommage aux combattants morts au champ d'honneur, ou sur les vidéos Youtube immortalisant les hommages militaires auxquels elles avaient eu droit. Quelques semaines plus tôt, je leur parlais. Nous riions ensemble. Nous parlions de nos retrouvailles. Nous avions espoir.

Je pensai à cette chanson, que mes camarades et moi chantions quand une des nôtres devait quitter notre *tabûr* :

Em ê biçin heval
Nous partons, camarade
Em ê herin heval
Allons ensemble, camarade »
[…] *Doza me teva yeke…*
Nous avons la même cause
[…] *Xatir dixwazim, xatir ê dawî*
Je veux te saluer, te saluer une dernière fois
[…] *Ji te ez bawer im heval,*
Je crois en toi, camarade,
Tê bighê dawî
Tu atteindras ton but

Comment oublier ? Comment revenir à l'indifférence, après cela ? Je me mépriserais d'en être capable : à aucun prix je ne voudrais remettre mes œillères d'autrefois. Ce serait trop facile, trop commode.

Depuis deux ans, le Rojava, si stable après la victoire contre Daech, est devenu un far west où se croisent les soldats du régime syrien, les Russes, les Turcs, quelques Américains et Français, et les combattants kurdes qui ne tiennent plus qu'une partie de leur territoire. Mais pour combien de temps avant que les Turcs attaquent à nouveau ? Quel gâchis : les islamistes se réinstallent partout et nous sommes revenus à la situation de 2015, juste après Kobané. Des milliers de Yapajas et Yépégués ont sacrifié leur vie… pour rien.

Mais tout n'est pas perdu. Pas encore.

L'important est de faire en sorte que les Kurdes, après tant de sacrifices, ne tombent pas dans l'oubli ni l'indifférence.

Bientôt, je retournerai au Rojava.

Mélusine Mallender

Quelques heures sur le lac

Mélusine Mallender est réalisatrice, aventurière et membre de la société des explorateurs français. Après avoir commencé sa vie professionnelle comme costumière de Théâtre, curieuse de mieux comprendre le monde qui l'entoure, elle étudie la géographie. Mais c'est en parcourant l'Iran à moto et en rencontrant sa population, que lui prend l'envie de montrer par le documentaire ce qui lie les humains entre eux au lieu de leurs différences. Débute alors son questionnement sur le sens de la liberté. Elle a réalisé depuis de nombreux documentaires et publié Les voies de la liberté *chez Robert Laffont.*

Thanda, emmitouflée dans sa doudoune qui semble à peine suffisante pour la protéger de l'humide fraîcheur de l'aube, vient se coller derrière moi. Elle tend le bras vers un îlot végétal derrière lequel je distingue une barque effilée. « Lui, c'est un vrai », me dit-elle joyeusement. La silhouette du pêcheur, dont les gestes sans hâte racontent l'âge, se découpe sur un lac plus lisse qu'un miroir dans les lueurs naissantes de l'aube. Il nous remarque à peine. Aucune nasse ne dépasse de la barque. Alors que nous passons près de lui, il ne se lève pas précipitamment pour ramer avec la jambe, dans cette gestuelle gracieuse qui a fait la réputation du lac Inle.

« Je n'étais pas sûre que nous en verrions un. Ils deviennent rares. Je suis très contente. »

Thanda a l'air vraiment heureuse. Lors de notre première rencontre à son agence, elle était parée de son rôle de guide touristique et m'avait vendu son lac comme elle devait le faire des centaines de fois par semaine. Depuis que l'ouverture des frontières, cinq ans auparavant, avait fait passer le nombre de touristes d'un demi-million à près de cinq millions, l'activité de guide au Myanmar s'est industrialisée, particulièrement sur ce lac qu'aucun visiteur du pays ne rate. Les anciens pêcheurs Inthas sont devenus des attractions qui profitent à toute l'économie locale – heureusement, au vu de la pollution rapide des eaux du lac et de l'anéantissement accéléré des poissons et de la flore, en mal de lumière depuis l'introduction de la jacinthe d'eau qui envahit la surface du lac. J'évite en général les lieux les plus touristiques et les guides qui entravent les rencontres spontanées. Mais comment passer à côté du lac le plus célèbre du pays sans m'y arrêter ?

Lorsque je suis repassée hier soir pour payer mon avance, à moto cette fois-ci, l'attitude de la jeune femme s'est adoucie.

« Oh, tu as une moto, c'est super.

– Oui, mais là ce n'est qu'une petite moto de location, je n'ai pas eu le droit d'entrer avec la mienne dans le pays. »

Le Myanmar a beau s'ouvrir rapidement, voyager seule y est encore très compliqué. Tout est organisé pour obliger les étrangers à rester dans les lieux autorisés, en présence de personnes locales. Camper est interdit, les hôtels qui reçoivent les touristes ont des accréditations spéciales – et impossible d'aller ailleurs, que ce soit chez l'habitant ou dans les gîtes locaux – et les motos étrangères sont strictement interdites, sinon sous escorte, au coût prohibitif.

En dix ans d'expédition dans le monde, j'ai eu tous les cas de figure pour entrer dans les pays avec ma moto. On m'a déjà imposé d'avoir un homme au guidon comme en Iran en 2011, on m'a fait payer des garanties de deux fois son prix, la police ou l'armée m'ont parfois escortée comme au Pakistan ou au Somaliland, certaines villes interdisent totalement les motos ou les passagers comme Tachkent (Ouzbékistan) ou Carthagène (Colombie), mais c'est la première fois que l'on me refuse l'entrée avec ma moto alors que j'ai le droit d'en louer une sur place. J'ai quand même tenté le coup. Sur un malentendu, cela fonctionne parfois. J'y ai presque cru. Le douanier à la mine bonhomme s'est mis en tête de m'apprendre quelques mots de birman. « Je t'aime », « amour », « tu es jolie ». L'indispensable pour me débrouiller dans le pays donc ! Mais de passe pour ma moto, aucune possibilité. Sans visa spécial et une escorte qui se paie comptant à la journée, pas de solution. J'ai dû me résigner à faire faux bond à ma Tiger 800 quelques semaines pour revenir la chercher plus tard et à traverser le pays en seulement quelques jours. La laisser en Thaïlande a tout de même été un crève-cœur, tant elle devenue une véritable compagne d'expédition. Haute sur roues, chargée comme une mule, elle intrigue d'autant plus que c'est une femme qui la conduit. Avec elle, je suis sûre d'attirer femmes et hommes avec qui la discussion s'engage naturellement. Mais dans mon questionnement autour des libertés, je ne pouvais me contenter d'une traversée express du Myanmar. Il a été l'un des pays les plus fermés au monde, tenu plus de cinq décennies sous un joug militaire sans pitié dont on connaissait quelques bribes seulement grâce à la lutte pacifique pour un changement de régime d'Aung San Suu Kyi. Après la révolution de Safran, menée par les bonzes dans leurs tuniques rouges en 2007, la junte ébranlée s'est résignée à quelques concessions. En 2011, elle s'est démise de ses fonctions au profit d'un gouvernement « semi-civil », avec comme président l'ex-général Thein Sein issu de la junte, et la promesse de réformes démocratiques. À peine un mois avant mon arrivée, les élections législatives du 8 novembre 2015 ont offert une écrasante victoire à la LND, le parti pour la démocratie de Suu Kyi, générant un certain espoir dans le pays dont la population se garde bien d'en montrer les signes. Une lucidité ancrée au fil des déceptions, après des années de promesses non tenues de la junte, qui tient toujours l'armée et la police ainsi que cinquante pour cent des sièges du parlement. Cette lucidité, je l'ai retrouvée partout au fil de mes pérégrinations dans le pays. Un prêtre chrétien du pays Chin me l'a parfaitement résumée lors d'une fête fortement arrosée à laquelle il m'avait invitée, oublieux des règles du silence après quelques verres cul sec : « Tu verras, malgré les contrôles qu'on nous impose, on cherche toujours le bonheur par nos propres moyens. De 1963 à 2010 les généraux militaires contrôlaient le pouvoir. Aujourd'hui, ils n'ont fait que changer les uniformes. Ils n'ont pas changé la politique, ils n'ont pas changé les personnes. Maintenant les gens expérimentent un nouveau système depuis les élections. On est prêts pour le meilleur mais on doit quand même se préparer au pire. »

Une ouverture à petite vitesse, où les interdits dominent encore les possibles et où les doutes sont plus ancrés que les espoirs.

Rentrée sans moto dans le pays, je me suis donc résignée à louer une petite 125cc, seul deux-roues accessible, pour faire le tour du pays. Mais j'ai toujours quelques photos avec moi ! Le visage de Thanda s'est illuminé lorsque je lui ai montré des photos de ma Tiger 800 bardée de bagages pour plusieurs mois d'expédition autonome, de Jakarta, en Indonésie, à Paris. En voyant la première image, elle a lancé spontanément :

« C'est ta moto ? Ce n'est pas possible. Elle est trop grosse. C'est une moto d'homme, ça ! »

Un vrai *running gag*. Je ne sais combien de fois j'ai entendu cette phrase. Partout. De la part de femmes ou d'hommes. Un jour, en Ukraine, lorsque j'ai tendu mon passeport au douanier qui réclamait le « passeport du conducteur », il a éclaté de rire en disant : « Vous n'avez pas compris, madame, je vous demande le passeport du conducteur, votre mari – pas le vôtre. » J'ai mis un certain temps à lui faire comprendre que j'étais bien la pilote. Un scénario fréquent et des remarques auxquelles je me suis habituée. Je ne m'en offusque même plus. J'agis selon le besoin. Mais lorsque cela vient de femmes, je suis heureuse de leur montrer qu'il n'y a pas de différences. Comme souvent, la surprise passée, Thanda trouve cela « super cool » et me pose question sur question.

C'était de moins en moins la guide officielle, nommée et formée par le gouvernement, que j'avais à côté de moi, mais Thanda, une jeune femme pleine de rêves de voyages et d'espoir.

« J'ai envie de voyager déjà dans tout mon pays que je n'ai jamais pu visiter. J'ai toujours vécu ici, à Inle. Là, je connais tout. Tellement tout. Je rêve aussi de voir d'autres pays. Comment vivent les autres. Comme tu le fais. Mais déjà, je vais te montrer chez moi. Partout. Le vrai chez-moi. »

Thanda devient rapidement une amie plus qu'une professionnelle du tourisme, et nous passons un excellent moment sur le lac. Elle m'explique la différence entre pêcheurs « pour la photo » et authentiques pêcheurs de poissons, devenus bien rares puisqu'ils gagnent moins bien leur vie, et décide de m'emmener dans un marché plus discret que ceux organisés pour les étrangers.

Les marchés. Un de mes lieux privilégiés. Je regarde comment les gens sont habillés, me laisse bercer par le mouvement de leurs allées et venues, j'écoute au milieu du brouhaha la musicalité de langues que je ne connais pas et choisis mes repas en fonction de l'assiette des autres. Je rencontre des marchandes venues de partout dans les multitudes colorées envoûtantes que sont les marchés à fleurs d'eau avec leurs dizaines de barques accrochées comme une ruche. Thanda se fait volontiers traductrice de mes mille questions. Lorsqu'une vieille marchande de bétel habillée des couleurs caractéristiques du peuple Pa'o des montagnes, avec son foulard noué sur la tête, m'offre un de ses produits, j'en profite pour parler de sa vie et de son activité. Elle vient deux fois par semaine de son village des collines du Nord-Est à plusieurs heures de marche, qu'elle débute au milieu de la nuit. La langue bien pendue, elle me raconte mille histoires sur ses montagnes qu'elle adore. Je me permets de lui demander ce qu'est la liberté selon elle. Elle éclate d'un grand rire franc qui provoque une hilarité générale autour d'elle.

« Ah, alors ça c'est très simple, c'est quand mon mari est mort ! », me traduit Thanda.

Je comprends mieux les rires. Elle continue.

« Il buvait et il était violent. Vraiment, il ne me manque pas, et enfin, depuis qu'il n'est plus là je peux aller où je veux, je n'ai de comptes à rendre à personne. Je suis beaucoup plus tranquille. »

Autour d'elle, nous entendons quelques femmes renchérir : « Oui moi aussi, il n'est plus là et je m'en porte vraiment mieux, nous sommes plus en paix. Nous n'avons pas grand-chose, mais au moins nous sommes libres. »

J'ai toujours beaucoup de plaisir à discuter ou passer du temps avec les femmes âgées, qui sont souvent moins réservées, peut-être parce qu'elles n'ont plus rien à perdre. Elles sont très spontanées dans leurs paroles ou dans leurs gestes. Je me souviens de ces grands-mères birmanes en pays Chin, à l'est du pays, ouvert depuis moins d'un an aux étrangers. J'étais en train de filmer à l'entrée d'un village lorsqu'une vieille femme est passée. Intriguée par ma moto – avec mes boudins d'affaires fixés précairement – et ma caméra, elle a éclaté d'un rire joyeux. Elle était minuscule, m'arrivant à peine au biceps, le visage doré, tatoué de lignes noires. Sans me donner le choix, elle m'a prise par la main et entraînée jusqu'à sa terrasse, à quelques mètres de là. Deux femmes discutaient en filant de la laine, également tatouées avec des motifs de styles différents. Des visages encrés lorsqu'elles avaient treize, quatorze ans, comme c'était la tradition avant que cette pratique ne soit interdite. Mais avant que j'aie pu poser la moindre question, mon hôtesse, Aut Oh Inj Pie, est revenue avec une tasse et un pot de *yu*, une boisson alcoolisée locale de plantes fermentées que l'on a mélangées en crachant dedans avec une paille. Il vaudrait parfois mieux ne pas connaître les secrets des chefs. Elle m'a tiré le bras pour m'obliger à me baisser et m'a aussitôt vidé le contenu de sa tasse dans le gosier. Allez, cul sec ! Elle avait le bras très long pour une aussi petite personne. Elles riaient aux éclats, modifiant les motifs de leur visage. Au bout de la quatrième tasse, j'ai compris qu'à chaque fois que j'essayais de poser une question, je me retrouvais avec une nouvelle tasse dans la bouche. Une bonne manière de me clouer le bec ! Pas grave, devant ces sourires, ces rires, cet alcool qui coulait à flots, j'avais juste envie de passer un bon moment. Pas aussi longtemps que j'aurais voulu, cela dit. J'ai soudain dû m'enfuir presque comme une voleuse, voyant la nuit tomber rapidement. Si la loi n'interdit pas l'ivresse au guidon, elle n'autorise pas de rester chez l'habitant. Cela aurait pu mettre mes hôtes en danger et il fallait que je retourne à mon hôtel. Un trajet sur une route que j'ai trouvée étrangement tortueuse en chantant les louanges du *yu*.

J'ai passé ainsi de très beaux moments un peu partout dans le pays que je parcours depuis plusieurs semaines sur ma petite moto bondissante.

Le soleil est au zénith. Les eaux du lac semblent écrasées de chaleur. Le marché se termine. Le rythme d'Inle. Thanda m'annonce presque solennellement qu'elle doit tout de même me faire découvrir les traditionnelles rouleuses de *cheroot*, un cigare local. Nous empruntons un petit canal qui s'éloigne quelque peu du lac, entre des maisons sur pilotis qui semblent tenir debout par une magie locale, pour nous rendre chez des amies à elle. Nous accostons à un petit ponton qui fait office de parking. Thanda entre sans façon, comme chez elle, et me présente comme si j'étais de la famille. Nous sommes accueillies joyeusement par Ma Paw Phyu et Ma Phyu, assises en tailleur devant des paniers plats remplis de tabac séché mélangé à des épices et de feuilles de carbia myxa qui servent de papier à rouler. Visiblement heureuses de se retrouver, les trois femmes entament une conversation animée pendant qu'elles continent de rouler des *cheroot* machinalement, comme si leurs mains étaient indépendantes du reste de leur corps. Elles roulent cinq cents à mille de ces petits cigares, sans s'arrêter de la journée, en papotant. On parle de tout et de rien comme un après-midi dans un salon de thé. Lorsque j'aborde la thématique de la liberté, Thanda pose la question à Ma Paw Phyu qui ne répond pas tout de suite. Après un petit temps de silence, les deux femmes engagent une conversation intense, dans laquelle intervient parfois Ma Phyu et dont je me sens totalement exclue. Finalement, ma guide se tourne vers moi et m'annonce :

« Je lui ai posé ta question sur la liberté. Mais elle ne comprend pas ce que tu veux dire. En fait, elle n'a jamais utilisé ce mot. Elle ne le connaît pas. Comment est-ce que je peux lui expliquer un mot qu'elle ne connaît pas ? »

Nous essayons de lui expliquer cette notion peu évidente même chez nous, en France, malgré sa présence partout sur les frontispices de nos mairies. Je propose à Thanda de parler de ma moto, des voyages, pour lui faire comprendre ce qu'est un moment de liberté. Des notions tellement éloignées de la vie de ces ouvrières. Thanda fait de son mieux pour traduire mes propos et ceux de Ma Paw Phyu sans chercher à influencer ou simplifier sa réponse et en prenant le temps de comprendre ce que je veux dire. Je me sens chanceuse de l'avoir comme interprète.

Les traductions sont souvent compliquées. Voyageant partout, dans les territoires et villages les plus reculés, je n'ai jamais vraiment le loisir d'avoir à disposition des traducteurs ou traductrices officiels, formés à ce métier. Aussi, je cherche des personnes qui veulent bien m'aider à comprendre des dialectes parfois parlés par seulement quelques milliers de personnes. Des guides, des instituteurs et parfois des religieux, les seuls parlant plusieurs langues, dont l'anglais. Pas toujours évident dans ces conditions d'avoir l'exacte traduction. Combien de fois une réponse d'une minute se résume à « oui, elle est d'accord », quand je n'ai pas des réponses totalement erronées, voire volontairement à l'opposé, peut-être pour que j'entende seulement des choses positives ou la parole officielle. Je l'ai ainsi découvert en faisant tout retraduire précisément une fois rentrées. Je garde pourtant cette méthode qui me permet d'entretenir un rapport plus direct, plus sincère. J'ai tout de même pris l'habitude, dans le vocabulaire que j'apprends pour entrer en contact avec les populations, de connaître le mot « liberté » pour vérifier qu'il est prononcé au moment de traduire mes questions. Ici, « *lolamou* ». Mais le plus difficile, c'est sans doute lorsque le traducteur considère qu'il connaît mieux les réponses que les personnes interviewées. Comme Mr Sweet, qui m'a abordée au marché de la ville de Mandalay, au centre du pays.

J'étais en train de regarder une longue file de nonnes cheveux rasés, habillées de tissus roses, se frayer un passage dans les allées, lorsque j'ai été interpellée par un homme d'une soixantaine d'années sur son balcon, qui m'a invitée à prendre un thé. Voyages et instinct m'ont appris à faire confiance à l'humain, même si je reste toujours vigilante. En haut de l'escalier, c'est un charmant couple qui m'attendait.

« Je t'ai vue arriver au marché avec ta moto, entame tout de suite l'homme après s'être présenté. Ton mari, il arrive quand ? »

En Birmanie, les femmes conduisent des scooters, avec autant de passagers qu'une Renault Espace pourrait en contenir, et participent activement à la vie publique. J'ai donc moins besoin de raconter des histoires de mari qui me rejoindrait à la prochaine ville ou d'enfants qui m'attendent sagement à la maison, qui rendent ma condition de femme voyageant seule moins suspecte. Malgré cela, une femme itinérante sans accompagnateur reste toujours une curiosité. Ma réponse sur mes expéditions solitaires l'amuse et il se met tout de suite en tête de me faire visiter son quartier. Il sait exactement ce que je dois voir. Cela le sortira de sa routine, et aider les autres est toujours très bon pour son karma. Il veut m'emmener voir l'un des artisanats les plus importants de la ville, la fabrication des feuilles d'or.

Les Birmans, dont la majorité sont bouddhistes, rythment leur vie autour de la prière, des donations et cherchent à améliorer leur karma en méditant, en cherchant des actions positives et en allant se recueillir au temple. Un moment important pour eux. Dans quelques lieux sacrés, comme près d'ici au temple de Mahamuni, le bouddha s'enfle d'une épaisse doudoune d'or sous les demande de bonnes grâces.

Ces minuscules feuilles d'or, trente fois plus fines qu'un cheveu humain, se font à la sueur des hommes, à coups de gros marteaux. Ils cognent, cognent et cognent encore sans relâche le métal, à un rythme aussi précis que régulier, des heures durant. Ils battent la mesure du temps, depuis des millénaires. À côté, dans une pièce bien protégée des vents, des femmes découpent avec une corne de bœuf ces pétales d'or de manière régulière, et s'appliquent à les empaqueter délicatement pour les fidèles.

L'ambiance est minutieuse et tranquille dans leur atelier, où le murmure des femmes et le bruissement du papier contrastent avec les battements que l'on entend au loin. Une des artisanes me regarde avec douceur derrière ses épais verres de lunettes. Ses cheveux poivre et sel sont relevés en un élégant chignon. Son sourire est une invitation. Je m'accroupis près d'elle. Sans un mot, elle prend ma main et lui appose un de ces pétales sacrés. Ce geste me touche. J'admire ce bijou de peau éphémère. Je lui demande si c'est comme cela qu'elle l'appose sur le bouddha. Aussitôt Mr Sweet me reprend : « Ah non pas elle ! Ce n'est que pour les hommes. Les femmes n'ont pas le droit de le faire, elles sont impures, il faudra qu'elle demande à un homme de le faire pour elle. » Alors que je m'en offusque, il ajoute : « C'est comme ça, c'est la tradition », avec un sourire dont on ne sait pas vraiment ce qu'il veut dire. Les « traditions » ont toujours bon dos.

Heureusement, il accepte tout de même de traduire mes questions. Elle travaille là depuis trente-cinq ans et est fière d'être la plus ancienne de l'équipe. Elle n'a jamais eu l'idée d'aller travailler ailleurs. Au moment de lui poser la question « Qu'est-ce que la liberté pour vous ? », Mr Sweet me répond automatiquement :

« Pour elle, la liberté, c'est d'aller au temple !

– Comment ça, d'aller au temple ? Tu ne lui as même pas posé la question. Il faut la lui poser pour savoir !

– Ce n'est pas la peine, je connais déjà la réponse. Il n'y en a pas d'autres. »

Je reste le plus calme possible, et lui demande de lui poser tout de même la question. Il paraît déjà lassé par ce rôle de traducteur improvisé qui l'oblige à se répéter, mais s'exécute tout de même. Rassurée, j'entends bien le mot *lolamou*. Elle réfléchit un instant, commence à parler, mais avant qu'elle n'ait terminé, il lui coupe la parole et me traduit :

« Pendant son temps libre, elle est avec ses enfants, c'est bien pour elle. »

J'essaie de lui préciser que ma question n'est pas ce qu'elle fait durant son temps libre, mais ce qu'elle considère être la liberté. Il répond à nouveau, un peu agacé : « Je te l'ai dit, d'aller au temple. »

Je tente encore :

« Peux-tu lui demander encore quels seraient ses espoirs ? »

Là encore, mon nouvel ami prend la liberté de répondre sans la consulter d'un regard, avec un ton paternel :

« Son espoir, c'est qu'après avoir fait beaucoup de donations au temple, elle puisse se réincarner en homme dans une prochaine vie et ainsi avoir l'opportunité d'atteindre le Nirvana. Une femme ne peut pas atteindre le Nirvana, même si elle prie tous les jours. Seul un homme y a droit. Alors bien sûr, le but d'une femme, c'est d'agir pour avoir la chance de se réincarner en homme. »

Je cède, et n'insiste pas. Mr Sweet n'est pas une mauvaise personne et me répond avec naturel. Il ne se rend même pas compte qu'il interdit à cette femme d'exister, d'avoir ses propres paroles. Dans une forme de sincérité désarmante, enjoué et ravi de me rendre service, il ne peut comprendre pourquoi j'aimerais que cette femme s'exprime par elle-même. Un fossé culturel creusé par des siècles de traditions, qui ne se comblera pas en quelques instants de discussion.

Je regarde avec une tristesse résignée ces femmes alignées manipulant toute leur vie ces pétales d'or qu'elles ne pourront jamais apposer elles-mêmes sur le bouddha, stigmatisées par leur sexe. Un monde étrange, d'une fascinante beauté.

Thanda me sort de mes pensées en me disant que Ma Paw Phyu a fini par trouver une réponse satisfaisante à ma question. « Pouvoir être avec sa famille, les gens qu'elle aime, sans avoir peur pour eux. Et passer de bons moments, comme maintenant. »

Thanda m'explique aussi que ce mot « liberté » est devenu très politique sous la junte, associé immanquablement à une critique du pouvoir. Les Birmans l'utilisent donc avec beaucoup de parcimonie, jusqu'au point pour certains de ne jamais le prononcer. Ma Paw Phyu est soulagée d'avoir pu me répondre. L'atmosphère se détend. La jeune femme me dit qu'elle est heureuse d'avoir appris ce nouveau mot. Elle me propose, comme c'est la coutume, de fabriquer mon propre *cheroot*. Je ne suis pas douée. Les trois amies se moquent gentiment de ma maladresse. Puis elles se mettent en tête de m'orner de pâte de tanaka traditionnelle que presque toutes les femmes appliquent sur leurs joues pour sa vertu protectrice. Nous rions beaucoup. Parfois surprise ou triste de voir combien les femmes n'ont pas accès aux mêmes libertés, cela me fait du bien de sentir que cela n'empêche pas ces instants de joie.

À notre retour en fin d'après-midi au village de Thanda, je suis presque épuisée de tellement de beauté, de sérénité malgré le dénuement dans lequel vivent les lacustres d'un monde dont je comprends l'attirance touristique. Mais je ne veux pas quitter la jeune femme sans lui avoir demandé quelque chose que je ne peux faire que lorsque la confiance s'est installée après du temps passé ensemble :

« Est-ce que tu veux bien que je fasse une interview filmée de toi ? »

Ces interviews posées ne sont pas comme les rencontres spontanées, qui effleurent les sujets. C'est l'occasion d'aller plus en profondeur, de mieux connaître la personne et sa vie.

Elle accepte avec joie. Je sors mes équipements, trépied, caméra, lumière, micro, qui occupent un sac entier, pour installer au mieux un petit studio de fortune, sous le regard amusé de ma guide.

L'interview est agréable, fluide, comme souvent lorsque les personnes sentent que l'on s'intéresse vraiment à elles, à leur vie, et que l'on n'est pas seulement là pour prendre quelques images ou deux, sous des paroles qui seront digérées en quelques minutes de reportage. C'est la richesse de l'aventure, des expéditions. Le temps. C'est parfois épuisant, je passe par des peurs, des terrains difficiles, parfois harassants, où ma moto et moi souffrons à chaque mètre. Mais la contrepartie est là, qui compense ces affres qui emprisonnent parfois l'esprit au point de nous faire douter du bien-fondé de nos périples. Aller au-delà des pistes rebattues encore et encore à la découverte d'un monde toujours surprenant. Et prendre du temps avec les personnes que je rencontre. J'aime beaucoup le regard de Thanda qui n'a jamais quitté son lac, qui doit respecter à la lettre les doctrines, mais qui tâtonne finement pour trouver son propre regard sur ce mot dont le sens même a été bannie par la junte depuis des décennies. Son sourire lorsque je coupe la caméra me raconte combien elle s'est évadée durant quelques minutes.

Je commence à ranger consciencieusement mes équipements. Les préserver durant des expéditions de plusieurs mois, dans la poussière, la chaleur ou le froid, n'est un défi possible qu'en prenant soin d'eux. Ils me le rendent bien en étant toujours en état pour emmagasiner ces témoignages. Je ne regarde pas derrière moi. Je sens pourtant que l'atmosphère change. Une sorte de fraîcheur envahit la pièce. Lorsque je me retourne, le visage de Thanda n'exprime plus aucun apaisement. Son regard est fuyant. Ses lèvres bougent sans que le moindre son en sorte. Elle hésite à parler puis se lance soudainement d'un souffle. « Excuse-moi, mais je ne veux pas que tu utilises cette interview. Jamais. » J'essaie de ne pas montrer mon étonnement, ma peine devant ces doutes qui la rongent visiblement, tant ses réponses étaient belles. Aucune rancœur cependant. C'est son droit le plus strict. Je précise avant chaque interview ce que je vais en faire : un film qui sera diffusé et qui peut donc être vu. En général les gens refusent avant ou ne répondent pas à certaines questions. D'autres fois, des personnes qui connaissent le danger de leur réponse me demandent de ne pas arrêter de filmer, de montrer ces images, actes de rébellion forts dans l'espoir d'une prise de conscience. Mais il est rare que des personnes me demandent de les effacer une fois tournées. Notre amitié naissante a sans doute trop fait baisser sa garde à la jeune femme, et elle vient de le réaliser.

Elle reprend la parole, comme pour se justifier.

« Tu comprends… On a parlé de liberté. Pas seulement comme un concept. Mais la liberté que j'aimerais avoir ici, dans mon pays. Et ça, je n'ai pas le droit d'en parler ! »

Il se dégage d'elle un tel malaise. Elle bredouille une excuse. Je n'ai pourtant qu'une pensée. Une terrible tristesse. Dans son regard, c'est la peur que je lis. Elle n'a fait que me parler de ses envies, ses espoirs. Sans donner d'avis politique. Elle n'a fait qu'être elle-même durant une heure de temps. Une jeune femme intelligente et riche de rêves. Et elle vient de se souvenir qu'elle n'en a pas le droit. Pas en tant que citoyenne. Moins encore en tant que guide, dont la formation d'État précise bien qu'ils ont le rôle de prêcher la parole du pays. Thanda[1] vient juste de se souvenir que si quelqu'un entend ses paroles, elle peut encore être internée pour crime d'État, malgré la mise en retrait du régime dictatorial de la junte. Les stigmates des dictatures sur les esprits durent longtemps, souvent pour des générations.

Je lui promets immédiatement que jamais cette interview ne sera diffusée. Pas de discussion. Le choix appartient à la personne qui est devant la caméra et il est absolu. Cela l'apaise un peu. Juste un peu. Je la sens pourtant gênée, comme un peu honteuse alors qu'elle n'y peut rien. Elle écourte les échanges. Le message est clair. Il est temps pour moi de partir.

Je charge ma moto sans un mot. Me retourne pour lui faire signe. Elle lève la main. Puis se ravise et vient soudainement vers moi en courant pour me serrer dans ses bras. Elle me remercie de lui avoir fait vivre cette journée. Soudain déterminée, elle ajoute :

1. Son prénom a été changé, ainsi que son lieu de vie.

« Tu sais, on va se battre. Dans quelques mois, grâce aux élections, on aura peut-être un nouveau gouvernement. On sait pour qui on a voté. Je ne peux pas encore le dire à haute voix, mais on parle ici, là, partout. On va chasser les militaires. Et ce mot, liberté, ce ne sera plus seulement un mot[1] ! »

1. Malheureusement, les réserves de la population étaient fondées. Malgré les élections de 2015 et la victoire de la Ligue nationale pour la démocratie (NLD) de Suu Kyi, jamais l'armée et les anciens membres de la junte n'ont lâché le pouvoir : les conventions leur accordaient toujours l'armée et le ministère de l'Intérieur, sans aucun droit de regard de la NLD au pouvoir. Cela a permis entre autres le terrible massacre des Rohingyas, sans que la NLD et Aung San Suu Kyi puissent réagir, discréditant la dirigeante aux yeux de la communauté internationale. Lors des élections de 2020, la NLD a remporté une nouvelle victoire nette, jamais acceptée par l'armée. En 2021, le général Min Aung Hlaing, chef des forces armées birmanes, conteste les résultats du scrutin et lance un coup d'État. Aung San Suu Kyi et le président Win Myint sont arrêtés par l'armée et une nouvelle junte militaire s'installe par la force au pouvoir, encore d'actualité au moment d'écrire ces lignes.

Catherine Maunoury

Voler. Une possibilité magnifique

Brevetée pilote depuis l'âge de dix-sept ans, licenciée en philosophie, Catherine Maunoury a été deux fois championne du monde de voltige aérienne et dix fois championne de France.
En 2010, elle est choisie par le ministre de la Défense pour diriger le musée national de l'Air et de l'Espace, et elle est élue Présidente de l'Aéro-Club de France en 2017. Membre de l'Académie de l'air et de l'espace et de la réserve citoyenne de l'armée de l'Air, elle est l'auteur de deux ouvrages : L'étrange bonheur de voler *et* La Sagesse de l'Aviatrice.

C'était hier et c'était il y a déjà plus d'un siècle : l'aviation prenait son envol. En 1909, les villes de Reims en août puis de Brescia en septembre accueillaient les premiers meetings aériens de l'histoire. Leur succès dépassait toutes les attentes. L'enthousiasme qu'ont suscité ces manifestations nous paraît aujourd'hui presque incroyable, tellement nous nous sommes habitués à voir s'envoler des plus-lourds-que-l'air, à y embarquer, à traverser grâce à eux des continents et des océans. Plus rien ne semblait alors pouvoir retenir l'homme dans sa capacité à franchir des frontières jusqu'alors interdites, à explorer de nouveaux territoires, à repousser son horizon. L'aviation devenait le symbole d'une aube nouvelle pour l'humanité. Après avoir été l'objet d'un engouement presque démesuré, l'aviation est ensuite entrée dans l'ère de la banalisation… et même, depuis peu, du dénigrement. Devons-nous pour autant oublier « ces merveilleux fous volants dans leurs drôles de machines », ces hommes et ces femmes qui, au péril de leur vie, se sont acharnés à monter toujours plus haut, à voler toujours plus vite et plus loin ? Devons-nous oublier ce qui demeure l'une des plus extraordinaires aventures humaines ? Certainement pas.

Voler. Arrêtons-nous un instant pour prendre la mesure ou, plus exactement, la démesure de ce simple terme. Car, durant des millénaires, voler ne fut pour les humains qu'un rêve et une source de frustration : alors qu'ils pouvaient voir les oiseaux se déplacer sans le moindre effort dans les airs, eux restaient littéralement cloués au sol, condamnés aux chaînes de la gravité. Certes, Jules Michelet, dans *L'Oiseau*, prétend être l'interprète de tous les vivants qui peuplent notre planète lorsqu'il écrit : « Des ailes ! Nous voulons des ailes, l'essor et le mouvement ! » Mais que sait-il des désirs du ver de terre de nos campagnes ou du goujon de nos rivières ? En revanche, il ne faut pas être un éminent connaisseur des cultures humaines pour savoir que toutes véhiculent un tel désir, un tel espoir. Prenons l'une de ces illustrations, sans doute plus connue en Occident : le mythe d'Icare. Quel que soit le motif de l'entreprise aérienne de l'ingénieux Dédale, c'est bien le vol, la capacité de voler, qui enthousiasme le jeune Icare au point de lui faire oublier les consignes de sécurité que son père lui indique avant de le laisser s'envoler. La liberté éprouvée par Icare n'est pas seulement celle de l'évadé de l'île du roi Minos ; elle est aussi celle du navigateur qui pénètre en haute mer, de l'alpiniste qui émerge au-dessus des nuages ; elle est même plus que cela encore, puisqu'elle amène le jeune homme jusqu'à embrasser le soleil… et à mourir. Car, à l'instar de tout récit mythologique, celui d'Icare est porteur d'un enseignement, d'une leçon : les humains sont des terriens, ils ne doivent pas espérer, rêver quitter ce « plancher des vaches » qui est aussi le leur. À moins qu'ils ne parviennent à pratiquer l'extase mystique, l'envol spirituel, détachés, débarrassés de leur enveloppe charnelle. Mais le vol des esprits, des fantômes, des sorcières ou des adeptes des hallucinogènes n'est pas ce qui nous intéresse ici…

Quelle est l'origine de cette interdiction qui prend les allures d'une malédiction ? Il faut évidemment n'y chercher, n'y deviner aucune décision divine, mais plutôt un mélange de réalisme et de sagesse. Ceux qui imagèrent le mythe d'Icare et les récits analogues savaient que l'être humain n'est pas fait pour voler. Il peut marcher, grimper, sauter et même danser ; il peut apprendre à nager, à plonger ; mais voler lui reste inaccessible. De là à penser que la nature et les dieux le lui interdisaient, il n'y avait qu'un pas à franchir et nombreuses furent les cultures à l'accomplir. Il y avait peut-être une autre raison pour nous interdire d'espérer voler un jour : les sages avaient probablement pressenti que voler procurerait un pouvoir supplémentaire aux humains et qu'ils ne seraient peut-être pas capables de le maîtriser. Nul doute que, sans avoir suivi les cours des anthropologues du Collège de France, ils avaient deviné que, debout sur ses deux jambes, l'être humain était capable de voir plus loin que tous les quadrupèdes ; il pouvait même repousser davantage l'horizon en grimpant sur le dos de l'un d'entre eux ou, mieux encore, gravir une colline, une montagne, avant de bâtir des tours et même des gratte-ciel. Voir plus loin, c'est repérer plus vite une proie ou un prédateur, un visiteur ou un ennemi. Voir, avaient déjà compris nos anciens, c'est prévoir et donc pouvoir. Alors, mieux valait restreindre le rêve ou la possibilité de voler à ceux qui méritaient ou revendiquaient le pouvoir : les rois et les dieux. Si Louis XIV fut appelé ou se proclama le « Roi-Soleil », c'est bien pour affirmer son pouvoir égal à celui de l'astre qui domine nos jours ; pendant que les êtres angéliques sont affublés d'ailes, et qu'à Dieu sont attribuées les nuées qu'il chevauche pour parcourir le Ciel… Bref, rien qui puisse être accordé aux communs des mortels.

Évidemment, je ne connaissais pas le mythe d'Icare et ne pouvais mesurer tout le « poids » de cette longue histoire de l'humanité avec l'idée de voler lorsque je suis montée pour la première fois dans un avion.

J'ai alors huit ans. Ce matin-là, mon père, pilote privé, a décidé de me consacrer toute la journée et de m'emmener sur le terrain d'aviation qu'il fréquente. C'est donc très fièrement, ma petite main dans la sienne, que j'arrive à l'aéroclub. Nous saluons son instructeur, un aviateur très connu à l'époque : Marcel Charollais est un célèbre pilote et compétiteur de voltige. C'est lui que je vais voir danser pour la première fois dans le ciel, et je suis éblouie !

Mais j'ai hâte de monter à mon tour dans un avion. Une fois en l'air, mon émerveillement n'a plus de bornes : le spectacle est incroyable et totalement inattendu. Que vois-je en dessous de moi ? Est-ce là mon village ? Et mon école, est-elle si petite que cela ? Et voilà une rivière, une voie ferrée, les routes et les chemins qui, jusqu'alors, m'apparaissaient comme des obstacles dangereux et même infranchissables. Je ne tiens pas encore les commandes de l'avion, mais je ressens le sentiment que le mythe prête à Icare, à peine plus âgé que moi : la joie de voler, de prendre de la hauteur sur le monde des adultes. Je n'en ai plus peur : je connais désormais le secret pour le prendre de haut, pour le mettre à bonne distance. J'ai découvert que l'avion serait pour moi le moyen de grandir.

Je voudrais bien que mon premier vol dure plus longtemps, mais il faut atterrir… Toutefois, lorsque mon père m'aide à descendre de l'avion, lorsque je repose pied sur terre, je sais, avec toute l'intime conviction dont est capable une petite fille, que je volerai un jour de mes propres ailes. Il ne pourra pas en être autrement. Et, à peine rentrée à la maison, je commence à dévorer la bibliothèque aéronautique de mon père. Les aviateurs deviennent rapidement mes héros et les aviatrices mes modèles. Adrienne Bolland, Hélène Boucher, Élisabeth Boselli, Amelia Earhart, plus tard Jacqueline Auriol, Valérie André entrent dans mon panthéon personnel… en attendant que je puisse en rencontrer certaines, qu'elles deviennent mes amies. Avant même de le lire, je fais mien le mot d'Amelia à ceux qui s'inquiétaient de sa passion pour l'aviation : « Je le fais parce que j'ai envie de le faire. » Rien de grand ne se fait sans envie, sans passion, et ma passion, depuis mon baptême de l'air, a été de voler.

Les femmes qui ont marqué et même fondé l'aviation, depuis l'aérostation et ses plus lointaines origines, ont dû, le plus souvent, revendiquer plus de liberté que celle accordée par la société, la mode, les convenances de leur époque. Aux temps héroïques, les femmes qui ne veulent se laisser dicter leur conduite par personne ont bien du mal à s'imposer, mais parviennent à transgresser les règles et les rigidités de leur temps, à affirmer leur force et leur liberté. Les historiens nous rapportent le tollé que provoquent ces femmes qui demandent à voler à bord des premiers ballons. L'Académie des sciences allègue que les organes féminins sont trop fragiles pour supporter pareille épreuve. Pour conquérir « l'autre moitié du ciel », les femmes doivent ensuite braver les dangers et les interdits d'une société dominée par les hommes. Ouvrières, sculptrices, scientifiques, modistes, coiffeuses réussissent à traverser la Manche, survoler l'Atlantique et le Pacifique, affronter la cordillère des Andes, passer le mur du son, avant de s'élancer vers l'Espace. Toutes sont attirées par ce ciel où les préjugés n'existent pas. Elles participent activement à la naissance puis au développement de l'aéronautique, de l'astronautique ; elles paient aussi un lourd tribut.

J'ai en partie échappé à cette lutte, car j'ai bénéficié d'un contexte familial très favorable.

Mon père avait dû apprendre à piloter en secret, contre la volonté de son propre père : observateur aérien durant la Grande Guerre, ce dernier avait connu non seulement les premiers temps de l'aviation, mais surtout ses aspects les plus sombres, les plus noirs peut-être. Je n'ai pas souffert de la même attitude paternelle, bien au contraire. J'ai pu prendre le chemin des aéroclubs, apprendre à piloter… et en même temps entamer des études de philosophie. Ma manière, sans doute, de « régler » le mythe d'Icare, d'apprendre la sagesse tout en réalisant ce vieux rêve de l'humanité, longtemps interdit. Et à mon tour – à ma mesure, après des centaines, des milliers de pilotes – j'ai emprunté le chemin de l'apprentissage du vol. J'ai rapidement découvert qu'une telle passion exige plusieurs conditions et plusieurs qualités, en particulier celles qui sont associées à la liberté et à l'exigence.

Un célèbre biologiste a écrit jadis que « l'ontogenèse récapitule la phylogenèse », autrement dit que le développement individuel de chaque être vivant reproduit toutes les étapes de l'évolution de sa propre espèce et de celles qui l'ont précédée ; ainsi, l'embryon d'un humain possède d'apparentes branchies de ses ancêtres poissons. Je crois qu'il en est de même en aviation : pour apprendre à voler, nous devons passer par toutes les étapes réalisées par nos prédécesseurs… en partageant les mêmes découvertes, les mêmes surprises, les mêmes émerveillements, parfois les mêmes peurs. Voler n'est jamais donné mais toujours reçu, appris et même conquis, d'abord sur soi-même.

Nous, les pilotes, faisons tous nos premières armes, j'entends nos premières heures de vol, à bord d'avions légers ; d'ailleurs, nous parlons toujours d'aviation légère pour désigner ces appareils disposant d'une puissance moteur modérée, capables d'emporter quelques passagers. Une manière de nous rappeler que nos lointains ancêtres, le noble Pilâtre de Rozier ou le fougueux Nadar, volaient à l'aide de plus-légers-que-l'air qui étaient soumis aux caprices des vents. Il a fallu attendre les plus-lourds-que-l'air pour conquérir la liberté d'aller où bon nous semble, grâce à des ailes, un moteur, une hélice. Mais ces premières machines restaient bien fragiles. Nous n'avons pas perdu le sens de cette fragilité : le prix de la liberté de voler est une extrême prudence devant les forces de la nature. Il n'est pas question d'approcher de trop près un orage, une tempête, certains nuages : nous ne sommes que des fétus de paille face à des monstres d'énergie. En leur présence, le mythe d'Icare n'est jamais loin…

La prudence et la patience sont donc de mise. Connaissez-vous la devise de la société Blue Origin, fondée par Jeff Bezos pour développer le tourisme spatial à l'aide de fusées réutilisables ? « *Gradatim ferociter* », autrement dit « Pas à pas fougueusement » ! Voilà une devise qui peut s'appliquer à tout apprenti pilote, obligé de refaire une partie du chemin accompli par ses prédécesseurs. Il apprend à connaître l'air, ses courants, sa puissance comme les oiseaux le savent naturellement, comme Otto Lilienthal, l'inventeur du planeur, le découvrit à son tour. Il apprend à connaître les jeux des filets d'air sur ses ailes comme le firent les frères Wright et les pionniers français. Il apprend à se repérer sur une carte, puis en l'air, comme les pilotes des lignes Latécoère et de l'Aéropostale qui tracèrent les premières routes aériennes vers et à travers le Nouveau Monde. Vous n'imaginez peut-être pas tout ce qu'un apprenti pilote et même un pilote chevronné doivent apprendre : en réalité, un pilote n'arrête jamais d'apprendre, d'apprendre, d'apprendre à voler. Et, je le reconnais, c'est ce qui me passionne !

À ce sujet, j'ai fait, il y a une douzaine d'années, une expérience passionnante. Claude Lelaie, l'un de nos plus grands pilotes d'essai, m'a invitée à monter à bord de l'un des prototypes de l'Airbus 380, au terme des campagnes de tests qui ont conduit à la commercialisation et à la mise en service de ce géant des airs. C'est très innocemment que je me suis rendue à Toulouse et que, la veille du vol prévu, j'ai participé au briefing des pilotes, persuadée d'être « sac de sable »… jusqu'au moment où Claude m'a fait comprendre que j'occuperais la place gauche dans le cockpit, autrement dit la place du commandant de bord. « Mais je n'ai jamais piloté d'avion à réaction ni d'avion de ligne ! » ai-je rétorqué.

« Ah bon ? » a benoîtement répondu Claude. « Eh bien, tu verras que notre 380 est un avion comme un autre ! » J'en ai à peine dormi de la nuit. Le lendemain, je me suis donc assise en place gauche, entourée il est vrai de Claude et d'une équipe d'ingénieurs d'essais, tous curieux de voir la voltigeuse à l'œuvre. J'ai demandé à n'avoir sur les écrans devant moi que le strict minimum : j'ai décidé de piloter comme je sais le faire, au feeling, au toucher, « avec les fesses ». Au-dessus des Pyrénées, j'ai vécu l'un de mes plus beaux vols. Je me suis posée à deux reprises sur la piste de Toulouse, entre les avions « réguliers », et j'ai même réussi un second bel atterrissage. J'ai découvert comment l'aide apportée par la technique (et le 380 en est bourré) n'enlève en rien le plaisir de piloter, de manœuvrer mais, au contraire, décharge le pilote du superflu pour ne lui conserver que l'essentiel. Effectuer un virage, serré, nez relevé comme dans sa présentation au Bourget, avec un tel avion, comme s'il saluait la planète entière, relève d'un pur bonheur aéronautique. À ma descente, encore sous le charme, j'ai entendu dire que mes compagnons de vol n'avaient pas été bluffés par mon pilotage mais plutôt par ma capacité à apprendre, à assimiler les instructions, à profiter de l'expérience immédiatement acquise et à la restituer. Nous ne fonctionnons pas autrement dans l'apprentissage, le perfectionnement et la pratique de la voltige : nous nous soumettons toujours à la critique positive d'un maître, d'un instructeur.

Après mon baptême de l'air à l'âge de huit ans, j'ai d'abord dû patienter (ce qui n'est pas la plus développée de mes vertus personnelles) jusqu'à l'âge de quinze ans avant de pouvoir m'installer aux commandes d'un avion. Enfin.

Je fais alors la connaissance de mon premier instructeur que j'écoute avec la ferveur et l'avidité d'une néophyte. Mon « héros » a les cheveux blancs et longs, le teint bronzé. Le genre bellâtre. Il est aussi moniteur d'auto-école et fume cigarette sur cigarette dont les cendres et les mégots finissent dans le manche à balai ! Moi qui ai dévoré tous les ouvrages d'aviation qui sont tombés sous ma main au cours des sept années écoulées, moi qui ai appris par cœur la vie de Mermoz, de Jacqueline Auriol, j'imagine que mon instructeur est de la même trempe que mes héros et les pilotes dont les signatures remplissent mon « carnet d'aviation ». Impressionnée, subjuguée, je m'installe donc à côté de mon nouveau modèle, tandis que lui évalue sa proie de quinze ans. Je n'ai pas du tout conscience que nous ne sommes pas sur la même longueur d'onde.

Néanmoins, grâce à la totale absence de sens des responsabilités de cet « instructeur », j'apprends d'emblée et d'instinct à piloter avec une réelle adresse. Nous volons sur un aérodrome non contrôlé, en absence de tout interdit, de toute réglementation. En réalité, cela me convient très bien. Il m'enseigne à virer presque immédiatement après le décollage, à passer au-dessus de la piste à grande vitesse, à effectuer un demi-tour en chandelle puis une glissade pour atterrir. C'est totalement interdit, hérétique… mais j'ai confiance en lui, je me sens sous sa protection et j'apprends très vite. Soudain, au bout de cinq heures d'instruction, alors que je n'ai même pas effectué un tour de piste « normal », il me demande d'arrêter l'avion en bout de piste, s'apprête à descendre et me dit : « Vas-y ! » Je sursaute : « Quoi ? Seule ? Déjà ? » Je pense avoir mal compris. Mais lui s'est déjà éloigné ; il a même oublié de fermer correctement la porte du cockpit. C'est incroyable : il me lâche ; oui, il me lâche littéralement après cinq heures de vol, alors que je suis loin d'avoir l'âge de conduire une voiture ! Je me sens brusquement bien seule, abandonnée ; je suis prise d'un frémissement… avant de me calmer : je n'ai pas le choix, je suis maintenant le seul maître à bord, le patron. Les jambes tremblantes, je commence à faire rouler l'avion vers la piste : je dois désormais en faire mon allié. Je m'aligne dans l'axe, aussi parfaitement que possible. J'entends encore mon instructeur me dire : « Vas-y ! » Alors je pousse la manette des gaz : l'avion commence à rouler vers l'horizon. De plus en plus vite. Et le miracle s'accomplit. Dans ma main droite, je sens le manche commencer à prendre vie, il devient plus lourd et je peux lui transmettre des ordres. À travers mes mains, mes bras, je sens l'avion vibrer, vivre, comme si je tenais les rênes d'un cheval. J'opère une légère pression vers l'arrière, juste pour sentir ma monture ; puis j'augmente plus franchement la vitesse et alors… l'avion et moi quittons le sol ! Ai-je crié ? Oui, j'en suis persuadée. Un cri de victoire, un cri de joie et de stress mélangés. Je me souviens qu'à cet instant la petite fille de huit ans a retrouvé l'adolescente de quinze pour savourer ce pouvoir enfin acquis : j'étais en l'air, seule ; désormais, personne ne pourrait plus rien faire pour moi, ni contre moi. J'avais réalisé le projet d'Amelia : je faisais, je ferai ce que j'avais envie de faire… Bon, maintenant il faut tout de même ramener l'avion au sol. Je respire un grand coup, je regarde la piste, je l'entoure par un passage en « vent arrière », avant de me positionner en finale et d'entamer la descente. Je dois réduire ma vitesse, mais pas trop : maîtriser la sacro-sainte vitesse est la clé. « Si tu voles trop vite, me répété-je intérieurement, tu vas effacer la piste sans parvenir à te poser, car ton avion va rester en l'air. Mais si tu voles trop lentement, tu risques la perte de vitesse, le décrochage, la mort. » Mieux vaut encore aller un peu trop vite. Mes jambes ont repris leur tremblement, mais je reste très concentrée : je sais si peu de choses que je ne peux en oublier aucune ! Je me surprends à rire, à chanter. Ma vitesse paraît bonne ; je peux maintenant viser l'entrée de piste. Tout va bien. L'herbe se rapproche. Je retiens légèrement le manche, juste assez pour empêcher mon avion de heurter le sol trop fort, mais sans qu'il remonte pour autant. Je sens les roues toucher le terrain. Je serre les mâchoires. Un léger rebond. Je ne lâche pas le manche. Fermeté et souplesse. L'avion reste cette fois au sol.

Nous roulons tous les deux. Nous zigzaguons, sous l'effet de mes petits coups de pied, à gauche et à droite.

Nous nous immobilisons. Plus tard, j'utiliserai toujours cette expression pour rassurer mes proches, mes amis : « Posé, pas cassé ! » Mais, pour cette première fois, je reste dans mon avion, seule avec lui encore un instant. Que ressent un oisillon lorsque, pour la première fois, ses parents l'ont poussé hors du nid ? Lui ont-ils aussi dit : « Vas-y » ? Je suis obligée de tenir mes jambes pour les calmer. J'ouvre ma bouche pour détendre mes mâchoires qui ne s'étaient pas vraiment desserrées. Voilà, c'est fait. Plus jamais je ne vivrai un tel moment. Celui de mon lâcher. J'ai l'impression d'avoir conquis le ciel comme on traverse un océan. Tout me paraît simple désormais. En réalité, tout ne fait que commencer.

Les montagnards vous diront qu'une montagne, un sommet en cache toujours d'autres, jusqu'à l'ultime sommet, l'Everest, et que leur art est ainsi inspiré, stimulé par la quête, la conquête du prochain sommet… J'ai rapidement compris qu'être lâchée n'était que le premier pas, nécessaire, essentiel, mais évidemment pas suffisant. Malgré ma jeune passion pour l'aviation, mes lectures, mes héros, j'ai compris que voler n'était absolument pas naturel, même pour une passionnée de ma trempe. J'avais ressenti et goûté la poussée d'adrénaline ; j'avais senti mes jambes trembler, mon cœur s'emballer ; j'avais hurlé de peur et de plaisir comme jamais auparavant. Mais avais-je vraiment volé ? J'avais su profiter des méthodes peu orthodoxes de mon instructeur et, sans doute, de capacités de « manœuvrière » jusqu'alors insoupçonnées ; mais je savais bien, au fond de moi, que j'étais encore trop restée accrochée au cou de ma monture, à l'empennage de mon avion. J'étais « derrière l'avion ». Pour voler, vraiment voler, je devais encore faire du chemin, apprendre, apprendre, apprendre. Je devais oublier la casse-cou, la tête brûlée qui aurait pu naître de mes premières heures d'instruction, pour devenir un pilote et, un jour, ne faire plus qu'un avec mon avion.

Je me suis alors souvenue de cet avion et de son pilote qui dansaient dans le ciel, le jour de mon baptême de l'air. La voltige, ai-je compris, l'exigeante école de la voltige m'ouvrirait le ciel.

Je dois être honnête avec vous. Avant de faire mes premières conférences sur mon expérience de pilote, avant surtout d'assurer la direction du musée de l'Air et de l'Espace, sur l'aéroport du Bourget, je ne m'étais que superficiellement intéressée à l'histoire de la voltige ; je n'en connaissais que le nom des plus célèbres champions, parmi lesquels les Français occupaient les premiers rangs. À peine avais-je entendu parler d'Adolphe Pégoud, « l'inventeur » de la boucle ou, pour sacrifier au langage courant, du looping. J'avais tort : Pégoud est un fantastique pilote dont l'un de ses contemporains, Jules Védrines, lui-même pilote de renom, dit : « Avant Pégoud, on ne savait pas voler ! » Un mot que j'ai toujours pris au sérieux : quand pouvons-nous dire que nous savons voler ? Pégoud, avant la Grande Guerre, est un pilote d'essai. En septembre 1913, il est chargé de tester un parachute (ce qui, entre nous, ne manque déjà pas d'audace…) : il saute donc d'un vieux Blériot XI et déploie son parachute. Il est alors surpris de voir sa machine abandonnée à elle-même se mettre à la verticale, puis basculer sur le dos, avant de redescendre le nez vers le sol : un avion vient d'effectuer la première boucle aérienne de l'histoire. Évidemment, Pégoud décide de réitérer la figure, mais cette fois en restant à bord. La voltige est née et, pour Pégoud, le début de la gloire : les organisateurs de manifestations aériennes de l'Europe entière le réclament. Mais la Première Guerre mondiale éclate : Pégoud est mobilisé ; il meurt en août 1915. Ses qualités de pilote ne lui ont pas permis d'échapper à la Grande Faucheuse ; en revanche, les pilotes apprennent à maîtriser le domaine de la voltige qu'il a commencé à explorer pour le mettre au service de la guerre. Entre leurs mains, les arabesques de Pégoud deviennent des moyens de surprendre l'ennemi, de fondre sur lui avant qu'il ne s'en aperçoive, de lui échapper. La voltige devient un art de l'attaque et de l'esquive ; rien d'étonnant, dès lors, si les premiers combats aériens s'apparentent à des duels et si les pilotes prétendent retrouver quelque chose de l'antique chevalerie et se présentent comme les nouveaux chevaliers du ciel. Comme pour le prouver, l'équipage allemand qui a abattu Pégoud est revenu sur le lieu de la tragédie pour y lancer une couronne de laurier avec l'inscription : « À Pégoud, mort en héros pour sa patrie ». Cette revendication chevaleresque est d'autant moins surprenante que nombre de pilotes, et Pégoud parmi eux, sont d'anciens cavaliers, fiers de leur tradition. Ils aiment dire que l'habitude de monter à bord d'un avion par le côté gauche vient elle-même de la cavalerie ; portant leur épée à gauche, les cavaliers montent en effet sur leur destrier par ce même côté ; les pilotes (français) se « contentent » d'un poignard…

Et nous, les voltigeurs aériens, aimons dire que nous constituons en quelque sorte l'équivalent du « Cadre noir » pour le monde de l'aviation. C'est vrai que ce n'est pas très modeste, mais il y a tout de même quelque chose de vrai dans ce rapprochement. Comme le cavalier avec son cheval, nous devons parvenir à constituer une seule entité avec nos avions, des sortes de centaures volants… aussi puissants que ces êtres mythiques, mais peut-être plus gracieux ?

Je ne renie pas ce chapitre guerrier de l'histoire de la voltige : il confirme la véracité de la prémonition de Clément Ader : « Sera maître du monde qui sera maître du ciel. » Il faut y ajouter deux précisions.

Après quelques hésitations à l'automne 1914, les autorités militaires des deux belligérants comprennent les avantages qu'elles pourraient tirer de l'aviation. J'en avais découvert le premier dès mon baptême de l'air : prendre de la hauteur, observer le monde ; mon grand-père participa à cet usage de l'aviation à une époque où les pilotes sont sous les ordres des observateurs montés à leur bord.

Viennent ensuite les premiers bombardements des lignes ennemies, puis des villes. L'aviation militaire se déploie, s'organise… et les « chevaliers du ciel », les « as » aux cinq victoires et plus finissent par devenir un peu encombrants avec leur goût pour la chasse en solitaire. Vient, pour plus d'efficacité, le temps des vols en escadrille, en patrouille. Mais je nous soupçonne, nous les voltigeurs, d'avoir toujours gardé quelque chose de nos ancêtres qui, seuls dans leur coin de ciel au-dessus des tranchées de la Grande Guerre, se bravaient, se battaient, ces maîtres de l'entourloupe, de l'esquive, toujours aux limites des règles, des frontières du possible. Ne s'agit-il pas précisément de l'essence même de notre art ?

Ces limites ne sont pas seulement celles d'une technique, d'une manœuvre, d'un coup de main ou d'un coup de pied à apprendre. Elles sont aussi celles imposées par la mécanique, par la résistance des appareils. Les avions qui participent aux premiers combats en 1914 ont encore l'apparence… et la fragilité de ces « libellules » qui émerveillent les spectateurs des meetings et à bord desquelles les plus audacieux pilotes s'engagent au-dessus de la Manche ou de la Méditerranée. Aux ingénieurs de découvrir le danger des accélérations brutales, des torsions incroyables auxquelles un appareil est soumis dans une figure de voltige et surtout d'y trouver des remèdes efficaces pour renforcer les structures et pour étendre progressivement les domaines de vol, de vitesse, d'altitude. La voltige devient ainsi un champ privilégié des essais en vol, et les voltigeurs comptent parmi les premiers pilotes d'essai, cette race de seigneurs capables d'accepter de payer de leur vie les défauts des prototypes au nom du progrès. Pégoud, encore lui, n'a-t-il pas assuré cette fonction pour Louis Blériot avant le conflit ?

Peut-être connaissez-vous la suite : après la Grande Guerre, les escadrilles sont démantelées, les avions remisés, les pilotes rendus à la vie civile. Ces aigles vont-ils devoir replier leurs ailes avec lesquelles ils avaient conquis le ciel, la plus haute des frontières jamais atteinte jusqu'alors par les humains ? Pour nombre d'entre eux, la chute est aussi terrible que celle d'Icare. Mais certains ne peuvent s'y résoudre, ne veulent pas descendre des nuées et je peux les comprendre ; alors ils se transforment en troubadours, familiers des foires, des démonstrations publiques. Et leurs acrobaties, enrichies par l'expérience de la guerre, deviennent toujours plus périlleuses : s'ouvre l'ère des *wing walkers*, *barnstormers* et autres cascadeurs volants, qui marchent sur les ailes, traversent les granges et trompent la mort pour gagner leur pain quotidien. La voltige prend alors les allures de rodéo.

Relisez *Pylône* de William Faulkner et *Le Messie récalcitrant* de Richard Bach ; visionnez *La Kermesse des aigles* avec le superbe Robert Redford. Ces œuvres majeures de la culture aéronautique décrivent avec brio l'atmosphère des terrains d'aviation de l'entre-deux-guerres… et de la société en général. Ce sont les « Années folles » : tout le monde a envie d'oublier les malheurs, les contraintes de la guerre, de retrouver le goût, l'air de la liberté. Et l'aviation, avec ses nouveaux fous volants, incarne à merveille ce désir. Mais non sans risque.

Nous le savons bien : le danger ne guette pas le débutant, trop peureux, trop frileux, mais plutôt celui qui a acquis un peu d'aisance, un peu de confiance en lui. Je vous ai dit pour quelle raison j'avais décidé d'apprendre la voltige aérienne ; mais je ne vous ai pas tout raconté...

Deux semaines après mon lâcher et riche seulement de quelques heures de vol supplémentaires, je me sens pousser des ailes, tentée par le démon de l'aventure aérienne, celui qu'avait rencontré Icare au-dessus de la mer Égée. En théorie, je n'ai encore droit qu'à quelques sages tours de piste, par beau temps, avec la stricte interdiction de m'éloigner du terrain. Mais je me fiche bien du règlement et annonce à mes camarades de classe que je viendrai les survoler en avion. La fierté de la petite fille qui n'a plus peur du monde. Je profite de l'occasion d'un devoir sur table pour me lancer dans cette aventure : je rends une feuille presque blanche, laisse mes camarades dans leur salle d'examen, enfourche ma bicyclette et file jusqu'à l'aérodrome. Je prétexte vouloir réaliser les trois tours de piste accordés pour mon entraînement de non-brevetée. Les gens de l'aérodrome n'y voient que du feu et me laissent décoller. Une fois en l'air, je file vers les rives de la Seine, cherche mes repères, vois le rond-point autour duquel je tourne d'habitude à vélo, remonte la rue principale qui mène à mon lycée… et commence à tourner face aux fenêtres de l'établissement ! J'imagine mes camarades qui m'ont entendue arriver et me voient fanfaronner devant eux. Je sais pertinemment que je suis en train d'enfreindre un interdit absolu et c'est très excitant. Une fois certaine du succès de mes passages, je fais demi-tour et repars vers l'aérodrome, toujours à très basse altitude. En effet, je dois impérativement suivre les rues, ne pas perdre mes repères familiers : n'ayant aucune notion de navigation aérienne, j'ai bien trop peur de me perdre. Naïvement, j'imagine que personne d'autre que mes camarades n'a été témoin de mon escapade ; j'ai simplement oublié l'existence d'une gendarmerie juste en face du lycée. Sidérés d'entendre puis de voir un avion tourner aussi bas en pleine ville, les gendarmes ont eu tout le loisir de relever l'immatriculation de l'appareil, de mener leur enquête et de trouver mon aérodrome de départ. Ce sont eux qui m'attendent à ma descente d'avion, quelques minutes plus tard, avec la ferme intention de me retirer ma licence de pilote sur-le-champ. Le problème, c'est que je ne possède pas encore cette licence : je n'ai pas encore assez d'heures de vol à mon actif et n'ai pas passé les examens adéquats. Je découvre ce jour-là qu'il y a un dieu, un ange ou un démon qui veille sur les apprentis pilotes de mon engeance. De ma dangereuse escapade aérienne, je m'en tire à très bon compte, j'en suis quitte pour un savon sévère de la part des gendarmes et de mes instructeurs, mais je n'échappe pas à une sacrée frousse : une fois au sol, j'apprends, je réalise que nombre de pilotes se sont tués en survolant leur maison ou celle de leurs amis pour épater la galerie. Un passage à trop basse altitude, une vitesse trop lente, un virage un peu trop serré : autant d'erreurs de pilotage qui peuvent être fatales.

Mon expérience, heureusement sans conséquence aussi fâcheuse, a donc renforcé ma décision d'apprendre la voltige et a développé une culture personnelle extrême pour la sécurité. Ceux qui nous regardent nous préparer sur le tarmac avant un vol, lors d'un meeting, ne le comprennent pas toujours : la concentration que nous montrons, le calme que nous exigeons autour de nous ne sont pas seulement nécessaires à la réalisation parfaite de notre chorégraphie aérienne ; ils sont aussi indispensables pour assurer le maximum de sécurité et nous permettre de revenir sains et saufs. La moindre inattention peut nous être fatale. Un ami conférencier expliquait un jour à une universitaire que tous deux pouvaient se permettre de « rater » un cours en amphithéâtre ou une conférence grand public ; « au pire » c'était leur ego qui en prendrait un coup ; pour les pilotes, ceux qui pratiquent la voltige et, plus généralement, assurent des présentations en vol, il n'est pas question de « rater » quoi que ce soit : ils pourraient alors ne pas rentrer chez eux… Il ne faut évidemment pas trop grossir ce trait : l'air n'est pas l'espace. Je connais bien plusieurs astronautes français et étrangers : ce qu'ils me décrivent de leurs missions et des conditions qu'ils affrontent m'apprend combien l'espace est un milieu autrement plus hostile que l'air.

Pour ce qui me concerne, une fois les dimensions techniques maîtrisées, surtout pour assurer ma sécurité, le reste est une question d'apprentissage, d'entraînement, de pratique. Même nos corps peuvent s'adapter à des conditions qui a priori pourraient nous être fatales. Une fois encore, patience et prudence sont indispensables mais aussi suffisantes. Je me souviens encore d'un repas au cours duquel j'ai été interloquée par la réaction de Serge Dassault, ingénieur et industriel aéronautique comme son père Marcel. Nous dînions avec mon amie Claudie Haigneré. Claudie nous enchantait de son expérience : elle était la première Française et même Européenne à rejoindre l'espace. Au cours de la conversation, Serge Dassault m'a demandé combien j'endurais de « g » dans mon avion de voltige. « 10 g », lui ai-je répondu. Autrement dit, des accélérations qui me faisaient peser jusqu'à dix fois mon poids. Lui construisait des Mirage, des Rafale dont les pilotes sont capables de supporter des conditions semblables, mais il parut incapable d'admettre qu'une « faible femme » comme moi puisse faire de même. Il changea net de conversation et, plus tard, un autre de nos amis me donna l'explication : il ne m'avait tout simplement pas crue. Il était persuadé que je me trompais et que jamais je n'aurais pu supporter autant de « g ». Je m'amuse encore qu'un ingénieur comme lui ait inconsciemment pu partager l'avis de ces savants du XVIIIe siècle qui avaient estimé nos corps de femme incapables de supporter une ascension en ballon… Et pourtant Jacqueline Auriol avait battu des records sur ses avions… Certes, certains d'entre nous possèdent des aptitudes à supporter mieux que les autres les facteurs de charge, le mal de mer, de l'air ou de l'espace ; mais qui que nous soyons nous pouvons, nous devons améliorer nos performances grâce à un entraînement progressif et constant.

Vous comprenez mieux, maintenant, pour quelles raisons j'associais tout à l'heure passion, patience et prudence. Sans elles, jamais l'aviation et ses pilotes ne seraient parvenus à conquérir, à maîtriser l'art de voler jusque dans les limites que nous connaissons aujourd'hui. Il a fallu la curiosité et l'audace de Pégoud pour oser la première boucle, le jeu tragique du prédateur et de la proie pour développer des figures d'attaque et d'évitement au-dessus des barbelés de la Grande Guerre, la volonté têtue de continuer à voler des pilotes démobilisés pour inventer le cirque volant, enfin l'esprit de compétition pour inventer de nouvelles figures et mettre au point de nouveaux avions. J'ai eu la chance de participer à ce chapitre de l'histoire de la voltige aérienne.

Il peut sembler étrange et même paradoxal que la compétition de voltige ait si souvent été associée à une forme de combat ; c'est pourtant le cas. Lorsque je suis interrogée sur ma carrière de compétitrice, j'aime citer un mot du père Didon, l'ami de Pierre de Coubertin :

« J'aime beaucoup la bataille, surtout si je la gagne ! » J'ai été une batailleuse, une guerrière, une compétitrice acharnée. Je n'ai pas gagné le panier plein de médailles et la ribambelle de coupes que je garde dans mon grenier sans développer une vraie pugnacité. Je me suis battue pour engranger chaque point de chaque compétition, une main ferme sur le manche et l'autre sur la manette des gaz, donnant des coups de palonnier bien assurés.

Toutefois, mes adversaires n'ont pas seulement été les autres concurrents. J'ai dû me battre pour trouver des sponsors, pour financer mes avions, mes entraînements. J'ai dû me battre pour jongler avec une vie de famille, avec une vie professionnelle. J'ai dû me battre avec l'évolution des avions à laquelle je participais moi-même, avec le risque de voir un prototype se casser en vol. Vous vous en doutez, j'ai surtout dû me battre avec moi-même. Pour assurer ma survie, pour parvenir à un trait parfait, à une chorégraphie qui associe beauté, complexité et aisance. Connaissez-vous la réponse du danseur Vaslav Nijinski à ceux qui lui demandaient le secret de ses sauts légendaires ? « C'est très simple, vous sautez et vous vous arrêtez en l'air pendant un moment ! » J'ai rêvé d'atteindre la même évidence dans mon art de voler.

Reste une question : quel sens en effet donner à de tels efforts, parfois à de tels sacrifices ? Que valent une médaille, une coupe, une marche sur un podium au son de votre hymne national ? L'étudiante de philosophie que j'avais été a eu maintes fois l'occasion de s'interroger, lorsque, couchée sous une aile de mon oiseau de métal, de bois, de toile et de carbone, j'attendais mon tour pour me présenter aux juges d'une compétition internationale, alors que mes deux garçons étaient restés avec mon époux Dominique dans notre maison chartraine… Mais c'est justement dans la philosophie, la sagesse de quelques écrivains que j'ai le plus souvent trouvé des réponses sensées. Nous connaissons la passion de Friedrich Nietzsche pour les aigles, sans doute suite à ses séjours en Engadine : celui qu'il considérait comme le plus noble des animaux symbolisait l'autre monde, le monde de la métaphysique. En suivant le chemin des aigles, ai-je pu espérer réaliser ce que le philosophe appelle la « possibilité magnifique » ? Ma quête jamais achevée de la trajectoire parfaite a-t-elle quelque chose en commun avec la « félicité de l'aigle » que Nietzsche associe à celle du poète… mais aussi à celle du fou ? Je rêve parfois d'emmener à bord de mon avion de voltige un philosophe qui connaisse l'œuvre de Nietzsche et puisse m'éclairer sur ce point de métaphysique aérienne. En attendant, je relis souvent « notre » écrivain, Antoine de Saint-Exupéry. Lui aussi a affronté la question du sens, celle que lui posaient les opposants à l'aventure des lignes Latécoère et de l'Aéropostale : quelle valeur accorder à tous ces efforts engagés, à tous ces risques encourus au seul motif que « le courrier doit passer » ? Et Saint-Ex, qui ne se battait pas contre les concurrents d'une compétition, mais contre les éléments naturels et les ennuis mécaniques, contre les tribus maures et bientôt les pilotes allemands, répondait que le grand Mermoz, en passant les Andes au péril de sa vie, pour transporter des lettres de marchands et peut-être des lettres d'amour, faisait simplement naître l'homme en lui.

Sans cet esprit qui anime les grands projets, l'aéronautique, une entreprise souvent au bord de la folie, n'aurait jamais pu exister. Grâce à cet esprit, la conquête de l'air a franchi des pas de géant : soixante années seulement séparent l'exploit de Louis Blériot au-dessus de la Manche, en juillet 1909, et le premier vol de Concorde, celui du Boeing 747 et les premiers pas d'un homme sur la Lune, la même année 1969. À peine née l'aviation a donc pris une allure olympique : toujours plus vite, toujours plus haut, toujours plus loin. Et, avec l'assurance d'héritiers bien nantis, nous pensions, il y a encore peu, que son avenir était tout tracé. Mais un virus et un dénigrement irrationnel de l'aviation plus tard, nous sommes au seuil d'une nouvelle page de son histoire. Car, j'en suis évidemment consciente, la voltige aérienne ne récapitule pas à elle seule l'histoire, l'esprit et les perspectives de l'aviation.

Pour des raisons de sécurité maximale, les pilotes de ligne sont aujourd'hui de plus en plus formés dans la perspective d'utiliser un ensemble de systèmes automatisés conçus pour les décharger des tâches répétitives, les empêcher de faire des erreurs et de franchir les limites de la sécurité. Cette aviation-là répond à l'esprit du temps qui répugne au risque, refuse la perspective de la mort, réclame confort et sécurité pour le plus grand nombre. L'homme cède le pas à l'informatique pour diminuer encore les risques et tendre vers, sans jamais prétendre l'atteindre, le zéro risque. Certes, il est difficile d'imaginer Henri Guillaumet sous l'emprise d'automatismes. Ne sommes-nous pas en train de rejoindre le monde des robots que dénonçait par avance Saint-Exupéry ? Pourtant, grâce à ces automatismes, à ces systèmes de protection, l'aviation commerciale peut se prévaloir aujourd'hui d'un bilan de sécurité sans égal par rapport aux autres moyens de transport en commun. Quel chemin parcouru grâce à ceux qui, dans l'esprit des pilotes de Latécoère et de l'Aéropostale, ont accepté de prendre des risques !

Revenons à cette idée de réaliser l'homme en nous… Le propos est-il trop beau pour contenir une once de vérité ? Je sais du moins que, une fois achevées les années de compétition, les pulsions les plus douteuses, les plus violentes qui ont pu les animer ont fini par s'évanouir comme le fumigène que nous utilisons pour souligner nos éphémères volutes. Reste alors l'essentiel : la satisfaction d'avoir accompli ce que j'avais imaginé pour moi-même. D'avoir réalisé cette « possibilité magnifique » que la petite fille de huit ans avait aperçue dans les arabesques de Marcel Charollais et ressentie en survolant les toits et les rues de son village.

Je dois tout de même introduire ici une nuance d'importance. Après une compétition, lorsque vous rentrez chez vous avec une médaille, un titre et les applaudissements de vos fans, vous pouvez vous dire : « Mission accomplie ! » et ensuite éprouver un moment de dépression : que faire désormais ? C'est là une expérience assez commune que nous pouvons éprouver après l'obtention d'un titre universitaire, la sortie d'un livre, la naissance d'un enfant… La satisfaction dont je viens de parler, le sentiment d'avoir réalisé son rêve d'enfant ne relèvent pas de la même expérience : la mission n'est jamais totalement accomplie, la frontière ou la fin jamais vraiment atteintes. La possibilité magnifique dont parle le philosophe a toutes les allures d'un horizon qui ne cesse de reculer devant mes pas, le battement de mes ailes. Je ne me souviens pas d'avoir déjà réussi un vol parfait !

Plus qu'une preuve, je vois dans ma pratique actuelle de la voltige une illustration de ce que je viens partager avec vous. Après tant d'années de vol en solitaire à bord de mes monoplaces, à écrire des monologues dans le ciel, j'ai découvert le vol en patrouille. Ce qui, longtemps, n'avait été qu'une facilité, celle de voyager en groupe pour nous simplifier les contraintes de la navigation et assurer notre sécurité, est devenu un nouveau terrain de jeu. Tout a commencé lors d'un meeting en montagne où mon amie Aude Lemordant, triple championne du monde de voltige, et moi-même volions l'une après l'autre selon le programme établi par le directeur des vols ; nous avions simplement décidé d'arriver ensemble devant les spectateurs depuis la vallée où nos avions étaient stationnés. Les gens ont été bluffés de nous voir débouler, telles deux walkyries montées sur de puissants et bruyants destriers et accompagnées de deux élégants panaches de fumée blanche. Nous avons alors décidé d'améliorer notre performance : nous avons suivi des stages avec d'anciens pilotes militaires (les as du vol en patrouille) ; nous avons appris à accorder la puissance de nos avions, la disponibilité de nos agendas et nos « manies » de pilote ; puis nous avons mis d'autres pilotes dans le coup. Et, un dimanche d'automne, notre patrouille de quatre avions a précédé la mythique Patrouille de France pour clore le meeting de Roanne ! Une nouvelle possibilité s'est ainsi ouverte à moi. Gaston Bachelard, dans sa *Poétique de l'espace*, a donc parfaitement raison lorsqu'il écrit : « L'immensité est en nous. Elle est attachée à une sorte d'expansion d'être, que la vie réfrène, mais qui reprend dans la solitude. » Immensité et solitude. Nous, les voltigeurs, sommes effectivement, par essence allais-je écrire, des êtres solitaires qui affrontons l'immensité du ciel, de la troisième dimension ; mais nous n'en sommes pas pour autant séparés des autres : nous avons impérativement besoin du soutien de nos instructeurs, de nos mécaniciens, de nos proches. Apprendre à voler aile à aile est aussi une manière d'expansion de notre être, une réalisation d'un autre rêve qui a habité les pionniers de l'aviation, celui de relier les humains entre eux.

Les violentes campagnes de dénigrement dont l'aviation est aujourd'hui l'objet ne doivent pas oublier ce qu'elle a apporté à notre humanité depuis un peu plus d'un siècle et, en particulier, depuis la fin de la Seconde Guerre mondiale. Le nom de l'association humanitaire « Aviation sans frontières » n'est pas seulement un écho aux célèbres « French Doctors » qui affrontaient et affrontent encore l'enfer des zones de combat, d'épidémie, de migration. Ce nom rappelle ce sentiment si bien décrit par Saint-Exupéry dans *Terre des hommes* : celui d'appartenir à la même humanité, d'habiter la même planète, sans nier nos différences, sans oublier les murs, les clôtures, les frontières qui nous séparent mais en les assumant, en les survolant, en les franchissant. Évidemment, je suis sensible à la question de la pollution, non seulement celle de l'air, mais aussi celle des océans, des nappes phréatiques. Mais j'ai la chance de fréquenter depuis des décennies des ingénieurs et des patrons de l'industrie aéronautique : croyez-vous qu'ils ne cherchent pas à réduire la consommation des avions qu'ils construisent ? À mon échelle, celle d'un rapide avion de voltige, je rencontre les mêmes défis : alléger aussi bien le poids de mon avion que le montant de ma facture carburant. Or, en ce domaine, les progrès ont été considérables et je suis confiante dans la capacité de nos cabinets d'étude d'en faire d'autres dans l'avenir.

Si l'humanité comprend le besoin impérieux de protéger son espace vital pour assurer la qualité de son existence future, les activistes ne doivent donc pas se tromper de cible : les attaques que subit l'aviation sont sans commune mesure avec son impact réel sur le climat. Elle est devenue l'otage d'une idéologie qui prône la décroissance comme seule solution aux enjeux environnementaux et d'un dénigrement qui frôle le fanatisme, sans doute pour se donner bonne conscience et faire oublier que nous polluons beaucoup plus ailleurs. Aucune technologie n'est exempte de dangers, de conséquences négatives, pour les humains et pour leur environnement ; à nous d'en apprendre l'usage le plus juste en fonction de la santé, de la solidarité, de l'équité. Nul doute que nous réussirons à rendre au monde aérien tout son sens, en même temps que nous nous souviendrons que voler ne sera jamais banal mais bien l'une des plus belles, enthousiasmantes et utiles réussites de notre humanité. De plus, si une aventure, une histoire, une industrie est capable de relever le défi de la transformation, c'est bien l'aéronautique. Est inscrite dans son ADN la capacité à se réinventer, à penser autrement, à faire face aux risques et aux échecs pour ne pas stagner ni reculer mais pour avancer. Nous avons la chance unique de construire l'aviation de demain. Il s'agit de défendre notre liberté fondamentale de voler et d'aller loin. L'avion est et demeurera un vecteur unique de rapprochement entre les peuples, d'échanges culturels, sociaux, académiques, scientifiques et économiques, de même qu'un formidable et efficace outil d'action en temps de crise. Les hommes et les femmes qui la composent, ingénieurs, pilotes, chercheurs, ouvriers, techniciens et scientifiques sont les héritiers des pionniers qu'étaient Blériot, Mermoz, Saint-Exupéry, Dassault, Potez, Latécoère et bien d'autres.

Bertrand Piccard, lorsqu'il parle de Solar Impulse, l'avion solaire qu'il a développé et fait voler avec André Borschberg, explique que ce n'est pas seulement un avion qui vole, mais une idée, une inspiration, un symbole. Il a parfaitement raison. Peut-être, en banalisant le transport aérien, avions-nous oublié qu'aux yeux des pionniers l'avion n'était qu'un moyen, l'unique moyen, d'accomplir un rêve, d'aboutir à une fin, de donner corps à un esprit. Je me demande parfois si le dénigrement de l'aviation ne cache pas l'absence de destination, de projet : nous ne savons plus très bien où aller, alors nous cherchons à brûler nos vaisseaux. Je trouve cette perspective peu raisonnable et en totale opposition avec le fondement, l'essence même de notre humanité. Un moment d'hésitation, même de profonde hésitation, sur le sens de notre existence, comme individu ou comme espèce, ne doit pas nous conduire à nous couper les ailes, à nous empêcher de nous projeter dans le futur, à nous interdire de rêver.

Je repense au mot de mon instructeur : « Vas-y ! » J'aurais pu lui rétorquer : « Mais je n'ai pas encore assez d'heures de vol ! Mais j'ai peur d'être seule ! Mais je ne sais pas où aller ! » Pourtant, je lui ai obéi. J'y suis allé. J'ai défriché mon propre territoire et tracé ma propre route, j'ai accompli chaque étape l'une après l'autre avec un horizon parfois lointain, un titre à conquérir, une mission à remplir, qui ont été autant de puissants attracteurs mais ne m'imposaient pas d'itinéraire particulier. La passion et la patience m'ont aidée à tracer moi-même la route pour atteindre une étape… avant de repartir, de redécoller.

Les voltigeurs n'ont jamais scruté le ciel pour y deviner leur destin comme s'il y était inscrit d'avance ; ils ont choisi d'apprendre l'art d'y écrire eux-mêmes leur destin, en courbes et déliés éphémères.

Justine Piquemal Muzik

J'avance à travers l'humanité

Juriste en droit des Religions, et mère de quatre enfants, Justine Piquemal Muzik est en constante formation. Elle a commencé sa carrière dans la négociation de l'accès humanitaire auprès des militaires d'état ou de fait. Elle est aujourd'hui responsable géographique chez Solidarités International. D'un pays à l'autre, crise après crise, chaque route parcourue lui permet de poser les mots sur l'expérience passée.

Nous sommes sur une route interminable, d'un rouge profond, qui serpente le long des villages écarlates aux toits de paille et traverse des vies d'enfants, de poules, de bœufs majestueux. Une image qui reste ancrée au fond de soi comme la terre s'insère dans les pores. Des couleurs vives. Le vieux Land Cruiser frappe les branches, les herbes hautes. Lorsque tu roules, tu n'aperçois que ces herbes hautes emplies de chlorophylle, qui, une fois sèches, recouvriront bientôt les toits – la paille doit être remplacée chaque année, tant la saison des pluies est intense et destructrice. Ces verdures sont soumises aux passages des transhumants, aux feux déclenchés par les rebelles, ou par les forces bilatérales contre les rebelles. Il n'y aura pas assez d'herbes hautes pour tout le monde cette année encore.

Le silence dans le véhicule est romper par le bruit de la radio à haute fréquence qui nous relie à la capitale. La lourde voiture chahute et rétrograde entre les trous formés par les camions douze roues qui nous ont précédés, par la pluie, les orages, les inondations. La chaussée se forme et se déforme sous les aléas de la vie.

La voiture ralentit, les warnings s'allument. Nous distinguons de loin une place funéraire, les couleurs vives que portent les chanteuses de la chorale de l'église locale se rapprochent, nous les doublons doucement, la radio s'éteint. Nous devinons sous une moustiquaire le corps sans vie d'un villageois, les chants couvrent le bruit du moteur, on nous salue. D'un hochement de la tête, je témoigne au chauffeur mon respect pour l'égard dont il a fait preuve.

Le chauffeur est le pilote de cet énorme Land Cruiser aux couleurs de Solidarités International. Qui suis-je, moi, dans ce véhicule ?

La voiture reprend de la vitesse. Nous avançons doucement, la chaleur est balayée par les courants d'air des vitres ouvertes. La radio grésille : « Lima 315 pour Charlie base »… « Charlie base tout est Oscar Kilo »… « Over. »

Je demande au chauffeur : « Tu sais ce que je fais, moi, dans la voiture avec toi ? »

Il me répond : « Tu es celle qui parle à tout le monde pour que nous passions. »

Celle qui parle à tout le monde. Qui aurait deviné que de trop parler serait un métier.

Il enchaîne : « Tu ne méprises personne, à chaque fois que tu viens, tu parles à tout le monde, et ça c'est important. »

On aperçoit une barrière faite d'un tronc de bois calé sur deux poteaux. Je retire mes lunettes, j'éteins ma cigarette, je baisse la radio. Le chauffeur me regarde, je hoche la tête, la voiture s'arrête. Je descends.

« Bonjour messieurs, je suis Justine de Solidarités. » Je pointe mon index sur le logo de ma veste. Je serre les mains qu'on me tend – des mains « d'hommes des barrières », une kalach sur une épaule et un téléphone sans réseau dans l'autre main.

« Un camion de vivres nous suit. Comment ça va en ce moment ? Et la famille ?

– Oui, madame Justine, nous allons bien, *Mashala* tout le monde va bien, me répond un homme sans nom, sans grade.

– Il ne faut pas attaquer le camion, tu sais que c'est important d'aider les autres, ceux qui ont faim. Si le camion est pillé, on ne viendra plus du tout.

– Madame Justine, vous comprenez bien que si les vivres passent il nous en faut un peu, on a faim. »

Dans un soupir, je prends appui contre un manguier.

« Les vivres sont pour les déplacés au nord, certains sont des membres de vos familles, des déplacés qui vous ont fuis un peu quand même, non ? » Ces hommes à qui je m'adresse sont les rebelles qui ont commis les exactions sur la population.

« Bon, madame Justine, on verra quand le camion sera là.

– Ah non, dans ce cas on reste, je dormirai dans la voiture en attendant que le camion passe, sinon il fera demi-tour. Et votre kalach est à l'envers, attention au sable, ça va la faire rouiller. »

Un rire, puis plusieurs, puis un : « OK, madame de la Solidarité – votre camion passera.

– Je compte sur vous… »

Le chauffeur me regarde, la radio se rallume : « Charlie base stand-by levé, tout est Oscar Kilo, over. »

Trop parler – un métier pour que nous puissions passer.

Cette terre rouge qui pénètre dans les entrailles, marque la peau, et s'accroche aux cheveux. Ces manguiers en fleurs ou en fruits, ces heures de route pour refaire le monde dans sa tête. Puis la terre couleur sable du Soudan du Sud. Un tank à eau comme seul programme humanitaire pour les déplacés d'un génocide qui ne porte pas son nom. Les Shiluk, leurs visages scarifiés, leurs mères avec les enfants au sein, leurs yeux pleins de vie racontant leur parcours et leur capacité de vie.

L'identité d'un humanitaire n'est pas à prendre avec légèreté. Lorsque nous traversons les villages, notre présence doit parfois être légitimée par le logo sur notre dos.

Le recours à l'identité visuelle de notre ONG (logo sur les chasubles, sur les voitures, sur notre nom) sur le terrain est parfois bien plus compliquée qu'il n'y paraît.

En effet, nous sommes formés pour suivre des règles sur lesquelles nous avons des avis divergents. Faut-il apposer le logo sur tel produit de distribution ? Le logo de notre organisation peut-il mettre en péril notre sécurité dans tel ou tel quartier ? Porter nos chasubles ne se pose plus, comme mettre un T-shirt le matin.

J'enfile ma veste pour m'envoler vers une base éloignée et je sors. Les règles de sécurité nous font parfois des piqûres de rappel à l'arrivée à l'aéroport. Avec un sentiment de nudité quand la veste est restée sur le lit. Rien de plus.

Je rentre d'un pays où nous devons faire profil bas dans nos paroles et dans nos tenues – un sentiment de perte d'identité, de non-appartenance, de solitude. L'impact de cette discrétion est frappant. Chaque membre de l'équipe regarde le siège avec des yeux d'envie et d'orphelin. Isolé de ses mains rouges, abandonné à sa propre identité.

Je sais et je suis convaincue que nos logos ont une portée au-delà de nous-mêmes, une réputation, un mandat, une méthodologie de travail. Nous travaillons avec nos équipes à comprendre, à vivre notre mandat. Je n'avais pas conscience que nous en avions autant besoin pour nous affirmer sur une de nos zones d'opération.

Il est important que les équipes partagent un sentiment d'appartenance et de protection tout en donnant l'impression de ne pas être là. Une énergie spécifique doit être mise en œuvre pour que, pour une fois, le rouge de nos chasubles soit invisible mais présent à l'esprit de nos équipes.

Retrouver son identité sans faire courir de risque aux bénéficiaires et aux équipes, telle est la balance à surveiller chaque jour.

Mes équipes, ces personnes du monde, qui ont tout vu quand nous n'apercevons qu'une fraction de leur vie – des coups d'État, des militaires se transformant en milice, des milices constituées de voisins.

Je suis bien loin du cadre normatif d'une petite fille qui rêvait d'être juge. Septième d'une famille qui compose à elle seule tous les articles du Code civil écrit sous Napoléon. J'ai voulu créer mon métier, je me suis échappée d'un enclos trop étroit. Je me lève le matin en écoutant France 24, bercée par la réalité du monde. Comment faire mieux pour aider plus loin ? Je suis le chef d'orchestre de ma vie.

Je suis une philanthrope de terrain, de ceux qui prennent des avions non homologués pour aller d'un point A en post-crise à un point B en crise. Je ne suis pas seule, loin de là. Nous sommes quelques milliers à faire ce métier. Nous avons quelques points communs et des opinions souvent différentes, mais nous sommes aux mêmes endroits.

J'évite les projets de développement à long terme, j'ai plutôt le tempérament urgentiste. Je ne sais pas vraiment pourquoi, mais je sais que je suis douée pour ça. Je peux insuffler de l'énergie là où elle manque, aller là où il faut négocier, m'installer là où personne ne veut rester. À mes yeux, nous ne sommes indispensables qu'en temps de conflit, de mouvement, de population ou de catastrophe naturelle, d'effondrement de tout système gouvernemental ou parfois sociétal. Un pansement, le temps que les vrais responsables prennent leur place.

J'ai parcouru quelques pays bien pourris. J'ai au fond de moi cette réelle volonté d'améliorer la condition des populations. Sans changer leur mode de fonctionnement. Je tends à l'amélioration de la condition humaine autant que possible. Au moins un instant. Une perfusion de morphine soulageant la douleur inconsidérée, un puits pour accéder à l'eau potable le temps que les enfants grandissent, des sacs de farine pour que les mois à venir soient moins difficiles. Cela ne change rien en temps européen (une perception si longue), mais pour un instant, cela soulage, réconforte des êtres humains qui n'ont pour seule ressource que de faire taire leur ego.

Un parcours chaotique, au cœur de l'histoire et de ses zones explosives. Je suis à la recherche des zones mythiques et veux être au cœur de l'histoire. Le chaos de mon CV est sûrement dû au changement soudain de stratégie gouvernementale dans tel ou tel endroit du globe. Être utile ou rien. Je suis urgentiste et c'est dans ce corps de métier si particulier que je suis capable de faire la différence. Il est obligatoire de toujours se poser la question avant de boucler sa valise : « Pourquoi partir ? » J'ai le goût d'apprendre, d'étudier aussi, et de rechercher de nouvelles explications. J'ai choisi des chemins de vie « atypiques » en alliant mes grossesses, mes enfants, mon mari à cette vie.

Une maladie dévastatrice sévit aux confins de la République Démocratique du Congo. Je ne suis pas sur le terrain, je suis à Paris. Je ne suis pas médecin, je suis juriste. Comment un juriste dans une ONG, dont le mandat principal est d'améliorer l'accès des populations les plus vulnérables à l'eau, l'hygiène, l'assainissement (EHA ou WaSH en anglais) et à la sécurité alimentaire peut-elle aider à combattre cette maladie ?

J'ai plongé des semaines entières au cœur du virus, j'ai essayé de défaire les nœuds – je me suis transformée quelque temps en spécialiste de santé publique. Comment l'eau peut-elle lutter contre un virus mortel, plus rapide que notre capacité à réfléchir ? Comment faire en sorte que nos actions EHA, et notamment les missions de sensibilisation, puissent combattre un mal qui ne dit pas son nom ? Comment poursuivre nos activités auprès des déplacés en RDC, lorsqu'une épidémie éclate ?

La maladie à virus Ebola. L'urgence de répondre à cette épidémie que l'on connaît peu, que l'on ne maîtrise pas. Lorsqu'une crise éclate « dans la crise », nous nous devons d'être sur tous les fronts : d'une part, il faut que les programmes en cours se poursuivent. On n'arrête pas les chantiers déjà lancés pour mettre en œuvre des programmes d'urgence. Nos interventions sont complémentaires. Il faut donc penser la réponse d'urgence et développer des programmes pour les survivants à ce fléau avec les autres organisations. Comme toujours, l'union fait la force, et les mandats spécifiques de chaque ONG nous poussent à nous allier pour que la prise en charge soit la plus complète possible.

Comment peut-on lui parler ? Ce virus n'a pas de religion, pas de visage, il se propage sans que nous comprenions sa logique. Il est déstabilisant. Comment survit-il sur du bois ? Sur du zinc ? Nous ne savons rien de lui. Comment alors en déduire des procédures pour protéger les populations et les équipes qui interviennent ? Ce que nous ne connaissons pas ne doit pas nous arrêter. On doit s'adapter.

Ce métier est fascinant : de trop parler aux barrières, on passe à ne rien dire ; on se tait pour apprendre. On intériorise les données et les informations, pour un matin créer avec ses équipes un programme de lutte contre la maladie à virus Ebola.

Le XXIe siècle a vu exploser le nombre de références humanitaires, par le biais de formations, de lancements de journaux et même par l'apparition de guerres dites humanitaires. Il serait maladroit de dire que le terme est galvaudé, cependant il est certain que son sens et sa définition profonds ne se comprennent pas de la même façon selon les personnes.

Au sein de cet altruisme existent différentes notions. L'humanitaire a une origine fondée sur la chrétienté, le don de soi, de son temps pour les autres. Les « Justes », comme ils sont cités dans la Bible, se définissent comme « ceux qui à travers l'aide donnée aux autres pourront entrer au paradis ». Le Juste est le commun des mortels qui par son action quotidienne doit soutenir au moins ses voisins.

L'Église a longtemps tenu la place de l'État dans le système d'aide aux populations les plus anéanties. Les blessés ont toujours trouvé refuge dans les églises, c'est là aussi qu'on les soignait. Les églises étaient des lieux de repos, des havres de paix. La complexité des rapports État/religion, la multitude de nouvelles croyances, la dangerosité des zones ont peu à peu laissé la société civile prendre la place de l'Église. La charité est devenue humanitaire. La vocation divine a laissé place à une professionnalisation de l'engagement. L'expert international bardé de diplômes et d'ordinateurs a pris la place de l'homme en soutane, il est encadré non plus par l'Église mais par une ONG. L'humanitaire exerce des responsabilités familiales et personnelles appelant à être rémunérées. Il n'est plus mû par le désir d'accéder au paradis, son objectif est plutôt le soutien à la population.

Je peux donc exclure le terme de « guerre humanitaire » ; apposer le conflit armé à l'adjectif philanthropique ou altruiste n'a pas de sens. L'utilisation de ce terme laisse également supposer qu'il peut y avoir une utilisation morale de la violence. Cela nous questionne donc sur l'existence des « guerres justes » et nous permet de remettre en question la manière dont nous a été enseignée une partie de l'histoire, notamment celle relative aux « guerres de religion », aux croisades.

Le conflit humanitaire n'existe pas.

Les interventions des ONG humanitaires ne soutiennent aucun gouvernement, leurs mandats ne se retrouvent dans aucune religion. Néanmoins, le prosélytisme de certaines organisations est connu – ces dernières ne peuvent être qualifiées d'ONG à mon sens : on ne peut décemment pas se targuer de supporter les populations les plus vulnérables en échange de leur enrôlement religieux, d'une prière ou de la connaissance d'un texte sacré. Les principes de l'aide telle que l'entendent les grandes ONG françaises sont brandis comme des étendards : l'aide que nous apportons se doit d'être neutre, impartiale, indépendante, apolitique. Nous nous devons d'apporter une aide sans distinction de race et de religion. Ainsi, « l'humanitaire religieux » qui vient en aide à une partie de la population en fonction de sa religion, n'est pas conforme aux principes humanitaires. « L'humanitaire religieux » est de ce fait exclu.

Être humanitaire est une conception de vie, sûrement. On peut très bien rencontrer au gré de ses missions des médecins, des chefs d'organisation, des managers, des spécialistes EHA. Nos métiers nous poussent à vivre dans des pays complexes, culturellement éloignés de tout ce que l'on a connu. Une définition de l'altruisme : un raccourci entre l'empathie et la souffrance des autres. On y retrouve un professionnalisme fort, une volonté de bien faire et le rejet catégorique de la souffrance provoquée. Être un humanitaire c'est exercer un métier de passion. Être humanitaire est une vocation.

Mais il est vrai que nous sommes tel un garrot, qui ne peut soulager que quelque temps avant de provoquer des gangrènes. Il est évident qu'un État ne peut se fonder sur le travail des ONG, puisqu'elles n'ont pas vocation à rester. Cependant, quand un État n'est plus capable d'assurer l'accès aux besoins les plus primaires des populations, le déploiement des ONG constitue leur seul pilier contre l'effondrement.

Une plaie ouverte continue en effet à suppurer malgré le pansement, une hémorragie qui ne stoppera pas. Pour soigner véritablement la plaie, il faut enlever le pansement. Et même si la douleur est réelle, le mal est nécessaire. Alors oui, les ONG sont nécessaires un temps, mais la reconstruction ne passera pas sans le rétablissement d'un État de droit qui ne sera légitime que s'il vient de l'intérieur.

L'engagement est l'un des concepts premiers de l'humanitaire. Nous ne comptons pas les heures, les jours et les nuits de travail, nous ne comptons pas les abandons que l'on ressent ou le manque de nos familles, nous ne comptons pas les adieux et les retrouvailles et nous ne comptons pas les disparitions. L'engagement, c'est la volonté de travailler ensemble pour un objectif commun qui nous dépasse tous. La plupart du temps en mission, nous partons avant la réalisation de cet objectif qui souvent se transforme en lutte, que ce soit la lutte contre la malnutrition, celle contre l'absence de médecin ou pour l'amélioration de l'accès à l'eau.

L'engagement est un concept central de l'humanitaire, mais c'est également un faire-valoir et une justification. Chacun retrouve dans ces mots ce dont il a besoin. À l'opposé, je refuse de confondre le terme engagement avec celui de dévouement, qui lui est issu de nos Églises qui sont dévouées à Dieu.

L'humanitaire n'a pas de camp, et ceux qui en ont doivent à mon sens arrêter de s'identifier comme humanitaires. L'humanitaire n'a pas de drapeau. L'humanitaire n'a pas d'idéologie, tout au plus des convictions. La conviction que sa présence est nécessaire, car elle apporte un mieux dans l'organisation du soutien aux populations en détresse ; la conviction qu'un sac de farine apporte un temps de répit aux estomacs affamés et qu'un chirurgien formé soignera plus de patients chaque jour ; la conviction que l'accès des ONG aux populations, sans distinction de race, de religion, d'ethnie, doit être libre pour que nos équipes soient protégées et puissent délivrer l'aide dans les meilleures conditions.

L'humanitaire doit avoir la conviction que l'humain n'a pas de drapeau et qu'il est plein d'idéologie. L'humanitaire est neutre par évidence même s'il porte la couleur de sa peau, sa nationalité et sa langue, son histoire et sa religion. Cette neutralité dans l'apparence et l'action permet un semblant de protection, c'est vrai, mais surtout un accès aux populations. Aux humains emplis de drapeaux, de couleurs, de religions et d'idéologies.

Il faut être conscient de cela quand on est dans le métier d'humanitaire, il est faux de penser qu'être pauvre est facile, que la personne qui ne demande pas davantage et qui subit le soutien international n'a pas ses propres certitudes, sa religion, sa culture, son histoire. Laisser la place à des femmes blanches dans le cadre familial, dans la structure sociétale, leur fait perdre leur dignité et leur positionnement dans leur vie. Que voient-ils en nous, qui venons les aider, soit, mais qui surtout leur enlevons le peu d'estime de soi qui leur reste ?

Le métier, la personne et l'action. Un humaniste en action, dirait Socrate, rien de plus.

Une drogue, dirait Freud, rien de moins.

Notre métier est encadré pour cela, tout comme les couloirs humanitaires, ainsi que nous l'avons appris à nos dépens, surtout aux dépens des populations et nous avons balisé les chemins de réflexion. Un peu sectaire parfois, mais dans le but d'éviter que les « grands Blancs » n'arrivent sur zone pour retirer le peu de choses qu'il reste à une population, au lieu d'apporter quelque chose de plus. Le « *Do not harm* » est le concept le plus important, surtout en zone de guerre.

Il s'agit de se poser de vraies interrogations sur la pertinence d'ouvrir un axe, la dangerosité pour la population de recevoir telle distribution, le positionnement à avoir.

Humanitaire d'urgence française, je suis. Dans la quête de connaissance et de challenge aussi. Celle qui revient de la brousse centrafricaine, celle qui au fond de la Tchétchénie avait plus peur des soldats russes que des wahhabites des montagnes. Juriste en droit des religions, dont le parcours a suivi les crises et la confiance des ONG et des populations. L'impossible me motive, le plus lointain me réveille.

J'abandonne mes quatre roues motrices pour un hélicoptère de l'armée française. Je survole le lac Naghlu en Afghanistan, le cœur lourd d'avoir laissé mes enfants quelques jours plutôt. Le pilote plane au plus bas pour que je puisse sentir les derniers rayons de soleil de ce pays que j'aime tant et m'imprégner de ces montagnes que la lumière caresse. C'est l'automne. Je pars exercer mon métier d'humanitaire pour un drapeau. Mettre en application mes compétences de caméléon et d'écoute. Je suis l'interface entre le monde des surarmés et le monde de ceux qui ont le temps. C'est une situation compliquée pour moi car, pour la première fois de ma vie, je ne travaille pas pour une organisation qui partage mes valeurs. Mais je choisis d'être là pour comprendre de l'intérieur les enjeux des deux camps belligérants. Être entrée quelques mois sous l'étendard français m'a permis de mieux travailler, de comprendre la place de chacun au sein de notre monde.

Malgré cela, l'Afghanistan ouvre ses bras et tendrement vous chuchote que tout être à une place.

Et là, au moment de le quitter, vous quittez un ami. Là votre estomac se resserre et vous vous rendez compte de son pouvoir sur vous – il est en vous.

J'ai le regard plein de militantisme et mes yeux débordent de respect pour l'être humain. Je suis soudain envahie par un sentiment de paix.

Une place. Chacun sa place.

Dans le froid de Tchétchénie, à la frontière entre l'Ingouchie et l'Ossétie du Nord, nous sommes à pied sous une pluie froide, gelée, juste avant qu'elle ne se transforme en neige mouillée. Je ris de ce moment, en jupe et bottes, sur le bord d'une route boueuse. On avance derrière notre *officier de liaison*, notre maître à penser, les yeux rivés sur la route qui n'en finit pas… Combien de temps encore allons-nous marcher ? Jusqu'où ?

La voiture ne peut pas traverser la frontière, notre présence n'est pas appréciée. Nous sommes pourtant là, à la fin de la seconde guerre, témoins de l'histoire de ce pays, apportant par notre présence l'espoir d'un avenir qui n'est pourtant pas dans nos mains. Nous militons pour des distributions de bœufs, d'abeilles et de formations à ces jeunes orphelins de guerre, qu'ils apprennent les métiers de leurs ancêtres : cultiver, transformer et gérer leurs terres.

Pourquoi moi, juriste qui ne sais pas même planter un pied de basilic ? En quoi vais-je aider cette population en attente de solutions ?

J'accompagne les experts, je fais lever les barrières russophones.

J'encadre. J'écoute. Et je transmets.

Être en Syrie, en Afghanistan, en République centrafricaine, en Tchétchénie, est un vrai parcours schizophrénique pour un humanitaire. Se trouver à la fois au cœur de l'histoire, vivre au centre de débats religieux qui ne nous définissent pas, qui n'auront pas d'impact direct sur nos vies, et être de la même manière la mémoire de certains belligérants. Forcément nous ne sommes pas égaux en termes d'attente.

Oui, je vois en l'être humain le même sang, oui, je pense que ma neutralité d'action ne m'empêche pas d'être sévère et intransigeante avec ceux qui devraient être irréprochables en temps de guerre. Ceux qui connaissent le droit de la guerre, ceux qui sont formés aux droits de l'Homme.

Je n'ai pas de camp, mais une histoire et une culture. Je suis républicaine dans l'âme, juriste, une femme et une mère. Chaque ensemble me définit. Néanmoins, sur les routes, je suis une humanitaire qui négocie des accès, je m'adapte à mes interlocuteurs, j'apprends d'eux et mon seul objectif est l'être humain dans son entièreté.

4 h 30, le muezzin me réveille. Il est l'heure de partir, un café brûlant à la main, un voile sur la tête. Ma voiture m'attend, nous partons pour Mazar (quatrième plus grande ville d'Afghanistan). C'est à plus de deux jours de route, nous ferons halte chez des collègues humanitaires.

Nous avons faim, déjà. Dans une *shairona*[1] fumante des kebabs nous attendent, il est 5 h 30, c'est la pause obligatoire. Un thé brûlant, un nan chaud et des morceaux de mouton juste grillés. Les premiers rayons de soleil poussent la nuit et jouent avec les nuages de l'hiver. Nous entamons la route – une des plus emblématiques de l'Afghanistan –, nous passons le col du Salang, à travers un passage creusé à même la montagne il y a des décennies. Une route qui devrait être à sens unique, par laquelle on entre dans les entrailles sinueuses de la montagne. L'obscurité rappelle la dangerosité du moindre accident. La concentration du chauffeur pour éviter les obstacles, les camions qui arrivent en face. Au moindre ralentissement, malgré les fenêtres remontées, les gaz d'échappement passent par tous les interstices. On se retient de respirer. Et là, des flocons de neige, le bout du tunnel. Les voitures se garent sur le bas-côté pour laisser respirer les moteurs et les poumons.

1. Petite pièce couverte de tapis et de *toshak* (coussins), dans laquelle on s'installe pour manger et boire du thé. L'odeur du mouton est partout, la fumée du *bourali* (chauffage à bois traditionnel) nous entoure. La *shairona* est un lieu très particulier, que notre présence même rend anachronique – une pause dans le XVIe siècle.

Nous avons roulé pendant cinq heures, parcouru cinquante kilomètres, il reste un jour et demi de route, de canyons et de surprises. Des longs silences entrecoupés de : « Je peux m'arrêter ici pour un thé ? » Mais quel est l'intérêt d'un chauffeur afghan pour un thé ? Je complète alors : « Un kebab ? » Et hop, le Land Rover se gare. Nouvelle pause, nouveaux visages, de ce vieux marqué par la vie à cet enfant faisant fondre la neige pour en faire du thé.

« Ne sens-tu pas sur votre visage la chaleur de ce feu, l'odeur de ce mouton grillé ? » racontai-je à mes amis en rentrant.

Je sors de la voiture, mon foulard mal arrangé, mon chauffeur me regarde avec l'œil du père de famille :

« *Put it back !* »

Je réponds : « *Oh, yes, sorry.* »

Il m'installe sur une chaise en plastique quand tous sont sur un tapis, je vais pour m'installer avec eux, les regards se lèvent, je me rassois. Je crois que je vais rester sur ma chaise, qui en fait cache un instant que je suis étrangère et leur procure un sentiment de sécurité. Le thé est avalé, nous rentrons dans notre voiture et la radio entonne à fond des chansons de Bollywood. On est bien en Afghanistan.

Le temps, cette chose invisible et si précieuse, le dieu des humanitaires. On le hait et on le bénit. Un cessez-le-feu, pourvu qu'il dure. Un bombardier, vite, qu'il passe.

Sur la route de Band-e Amir, une roue crevée puis une seconde, dans un paysage sorti d'un tableau de Picasso. Le bleu turquoise des lacs s'enchevêtrant les uns dans les autres, le bleu du ciel et le beige de la terre, nos véhicules en panne, dans un lieu où il n'y a que bergers et moutons. Des heures d'attente avant que le second convoi n'arrive. Un temps infini volé à la vie, à repenser aux immolées d'Herat et à ma mission en Afghanistan, à cette campagne pour lutter contre les immolations.

Je passe des heures à parcourir dans ma tête les couloirs aménagés en mouroir de l'ancien hôpital d'Herat : des matelas crasseux et, sur ces matelas, des femmes mourantes, odorantes et râlantes ; des murs qui avaient dû être bleus un jour, et qui portaient maintenant la couleur de la mort, celle des enfants, des nouveau-nés.

La réalité est bien moins belle que l'endroit où je me trouve. La possibilité d'évacuer toute cette souffrance m'est offerte par une panne de voiture. Le second convoi arrive avec quatre pneus. On repart, on va profiter de l'Afghanistan.

Les gens nous croient si peu quand on leur répond que les enfants vont bien, que le papa est épanoui et que tout ce petit monde qui compose ma famille y trouve son compte…

Ils me manquent tant, c'est vrai. Mais ces instants m'appartiennent. Je lâche la pression, je lâche des larmes quand vraiment mon ventre est trop plein. Comme ici, l'air de rien. Mais quand ça sort, c'est que mon cœur est trop lourd pour le garder pour moi.

Les enfants me manquent le soir, quand je rentre de mes journées sur le terrain et qu'ils ne sont pas là. J'ai envie d'entendre leur rire et de m'occuper d'eux. J'ai envie de leur faire à manger et de les prendre dans mes bras, de lire une histoire et de les embrasser avant d'aller me coucher. J'ai envie d'en voler un dans son lit, et de le glisser dans le mien, n'en déplaise à Dolto. Comme il est bon de dormir avec eux, d'entendre la tétouille de Loutsi ou le clapotement de la langue de Lilio sur son palais. Des tac tac magnifiques qui me protègent des cauchemars. Ces mêmes tac tac qui me réveillent la nuit et me font sourire.

La vie, c'est eux.

Le manque des enfants est une chose qui ne se voit pas. Cela se passe dans les tripes, comme lorsqu'ils étaient nichés en moi. Le ventre se serre et la gorge empêche l'air de sortir. Différentes choses provoquent le manque, les enfants des autres, les histoires, leur voix dans le téléphone, leur père qui me raconte leur vie.

Mes enfants, ils sont à moi, en moi. Ils sont quatre, des ailes tatouées sur mes épaules, gravées au fond de moi.

L'automne, les roses persisteront jusqu'aux premières neiges. Les patous[1] remplacent les chemises, le foulard de soie devient foulard de laine. Kaboul glisse dans l'hiver,

1. Chaudes couvertures en laine fine.

l'accès humanitaire se restreint, les méchants deviennent les gentils, les gentils deviennent imperméables à l'aide humanitaire. La voie des roses. Les odeurs sont enivrantes dans le calme absolu de cette Kaboul fêtant la famille et l'amitié. On remarque le son lourd du silence, l'absence d'hélicoptères, d'avions. Le monde a suspendu son vol pour que ce vendredi soit plein de tendresse et de compassion, d'amour et de volupté. On célèbre aujourd'hui la fin du ramadan.

Des enfants rient, les *bourali* s'allument, le sang du mouton coule sur le gris des rues. *Eid mubarak*, amis et ennemis ! Respirez la bonté de cet instant hors du temps. L'Afghanistan se trouve sur une autre planète, accueillante et chaleureuse. Peut-être entendez-vous le doux son du muezzin appelant à la prière. Une impression ? Une envie sûrement, mais je trouve sa voix plus chantante aujourd'hui.

La prière est plus importante, la tendresse plus douce. Les gens de bien ont leur journée de repos.

Et là, dans ce jardin, le bruit se réveille et je crois sentir mon cœur battre plus fort. Je sens au fond de moi un doux son qui fredonne dans ma poitrine, une douceur chaude qui envahit mes poumons et mes mains. Vous êtes là, dessinés par les astres pour m'accompagner dans ma vie.

Je respire et regarde le reste du monde. Je suis à la frontière du Tchad, à deux kilomètres de la musique des tam-tams, à vingt minutes d'une distribution de sacs de farine et d'huile, à trois mètres d'une action de protection d'une femme violée. Et je me retrouve. Je suis seule dans ce jardin de Kaboul, à la frontière avec l'Iran, à ce bac en Irak qui me fera passer la frontière vers le Nord-Est syrien.

Des sacs pleins de matériel, près de cent kilos par personne, portés sur le dos pour traverser en direction de la Syrie. Nous sommes du côté irakien, il n'y a pas de guide de voyage pour traverser cette frontière. Je découvre pas à pas chaque étape. Je fais marche arrière, il manque un tampon, une autorisation. Un bac s'approche au plus près du rivage. Le pilote lève la tête et scrute l'horizon, il n'est pas sûr de lui. La traversée dure quelques minutes – une éternité quand tu es dans l'illégalité. Nous entrons sur un territoire où le droit international n'a pas sa place et sur lequel tout est arrivé, tout peut arriver. La violence a pris la place depuis cinq ans de toute forme d'humanité. La religion qui solidifie les âmes s'est transformée en arme de destruction massive.

Nous descendons avec nos kilos de bagages, et nous rencontrons notre *officier de liaison*, ancien professeur de mathématiques. Nous prenons un thé et lui expliquons ce que nous voulons faire.

Étape 1 : Kobané. Étape 2 : Hassaké. Étape 3 : Rakka. Étape 4 : Deir ez-Zor.

C'est une mission d'ouverture.

Dans les missions d'ouverture, comme nous les appelons, tout est à faire : louer la première maison, le premier bureau, comprendre et apprendre le droit local, les coutumes, les risques et surtout les besoins humanitaires. En juillet, dans le Nord-Est syrien, il n'est pas nécessaire d'avoir fait vingt ans d'accès à l'eau potable pour comprendre que l'enjeu majeur est l'eau. Il fait plus de cinquante degrés à l'ombre. Les turbines sont minées et les familles déplacées ont pour seul toit le ciel.

Le désarroi d'être si peu d'humanitaires, dans un monde où le téléphone est un souvenir, est écrasant.

Après une dizaine de jours à tout organiser, nous partons en convoi de trois voitures et vingt camions remplis d'eau et de citernes pour faire notre première distribution aux portes de Rakka. Cette route de six heures est entrecoupée de check points de miliciens, de soldats et parfois de groupes indéterminés. On a en permanence à l'esprit les vidéos de Daech qui ont pour objectif d'instaurer la terreur.

À chaque arrêt, j'examine les alentours. Je dévisage les hommes des check points et j'essaie de comprendre quel pourrait être le problème. L'humanitaire n'était pas encore arrivé. Chaque halte est l'occasion de réexpliquer les bases de notre mandat. Nous sommes une ONG française, mais nous ne travaillons pas pour le gouvernement. Nous ne sommes pas engagés dans le conflit, nous sommes là pour apporter de l'eau potable. Concentrés sur notre projet, nous essayons de ne pas penser à autre chose. Des réflexes naissent. 0/3/6 comme un mantra, le code des démineurs, tu regardes où tu mets les pieds (le 0), tu regardes où tu vas mettre le pied (le 3), et tu estimes le risque (le 6). Un mantra au milieu des engins explosifs, des mines, des pièges, des incertitudes. La voiture s'arrête. Ton chauffeur, qui était il y a peu professeur de grec à Alep, sort de la voiture (0/3/6) et te dit que la voiture ne peut plus démarrer. Le filtre à gasoil est bouché. La guerre a dévasté les raffineries de pétrole, un comble dans un pays exportateur. Très bien, nous avions anticipé une deuxième et une troisième voiture.

Le soleil n'étant pas de notre côté, les deux autres voitures tombent en panne. Il est 16 heures. J'avais imposé un couvre-feu à 18 heures, je décide unilatéralement de le repousser à 20 heures… Nous voilà au milieu d'un désert à faire du stop. Une première berline, avec à son bord un homme avec une kalach et une arme de poing, bien trop enthousiaste pour que nous montions avec lui. Avec beaucoup d'excuses nous le remercions, on va attendre encore un peu.

Nous arrivons à Ein Issa. Un taxi avec un moteur des plus usagés nous ramène à Kobané. Il est 22 heures. Le chauffeur arabe ne peut pas rentrer dans le périmètre de la ville, son véhicule a lâché avant (quatre en une journée). Nous négocions et les gardes finissent par le laisser entrer pour quelques heures. Les gardes de la ville nous dévisagent. Oui on sait, c'était chaud… Pour dîner, une bière (ou plusieurs) et des heures de rapports. Nous repartons demain avec cinq voitures, à 6 heures du matin.

22 heures sous un *toucoule* (petite cabane en toit de paille et briques) avec l'assistante chef de mission en visite sur ma base. Je suis à Markounda, en République centrafricaine, à la frontière du Tchad. Le générateur a été éteint il y a longtemps, la lumière des lampes à huile éclaire la Gala (bière tchadienne). La radio, seul moyen de communication local, crépite. Une autre ONG basée dans le village :

« 2.0 – ils arrivent. »

Je suis 2.0 et « ils » sont les Tchadiens. Je me retourne vers l'assistante et avec calme je décris le plan d'évacuation :

« Je prends la *radio room* et les ordis, tu prends le coffre. »

Je charge le pick-up avec les effets et je la revois arriver.

« Qui est le con qui a scellé le coffre !!! me hurle-t-elle en chuchotant.

– Non ! L'intérieur du coffre ! »

Elle me regarde, furieuse : « Tu n'as pas précisé ! »

Quelques minutes plus tard, nous avions remercié les gardes et vidé la maison, nous nous dirigions vers Boguila chez une autre ONG.

J'entends encore la voix de cette assistante. Et je ris encore en arrivant dans le village de ce coffre scellé et de cette évacuation.

Les manguiers verts sont toujours là. Le marché a un peu grossi mais la population de Markounda est la même. J'ai parcouru le monde pendant dix ans, et quand je reviens là, où personne ne veut aller, je m'arrête à chaque barrage et je reconnais les chefs de groupes rebelles qui à leur tour me reconnaissent : « Ah la *Moundjou* de Markounda. » La Blanche de Markounda…

Je sais pourquoi je suis venue il y a dix ans, et je sais pourquoi je reviens aujourd'hui. La force intérieure me pousse à aller toujours plus loin – avec l'humilité d'opérer un demi-tour si cela ne fonctionne pas, si la barrière ne se lève pas, si le danger est plus grand que le but.

Revenir à Markounda, début 2021, montre bien que nous essayons. Peu importe où se trouve la population, notre rôle est de lui apporter l'aide nécessaire. C'est à nous d'y aller, avec nos moyens et notre volonté. Chaque belligérant a ses propres règles, il faut les apprendre et être à leur écoute. C'est à nous de nous adapter. Nous sommes étrangers, nous sommes chez eux.

Là, j'étais avec un nouveau coordinateur de terrain et nous écoutions à chaque barrage chaque homme, pour que nos Lands puissent atteindre la frontière du Tchad. Nous parlons trop, nous ne négligeons personne.

Les tourterelles se posent chaque matin dans cette petite maison de terre. Leur roucoulement enchanteur berce les abricots juteux et le café du samedi matin est un bonheur sans nom. Ici, assise sur le perron d'une maison à Bunia je peux vous raconter qui je suis.

J'ai fait un master en droit des religions, à une époque où le master de droit humanitaire refusait les mères de famille. J'ai eu mon premier garçon à vingt-trois ans lorsque j'étais en master de droit international, mon deuxième garçon pendant mon stage de fin d'études de master II en droit des religions, le troisième a été bercé au son des muezzins afghans et le quatrième s'est déclaré en terre de Rakka. J'ai ainsi la chance d'être la maman de quatre merveilleux garçons.

J'ai grandi dans une bien trop grande tragédie familiale qui a pris fin en 2021 où le mot même de la famille n'avait pas de sens. J'ai créé la mienne. Je me lève chaque matin avec une envie indestructible de comprendre mieux, d'apprendre et de créer. Je m'insurge contre le laxisme et l'acceptation de la souffrance humaine, et je m'emplis de soleil afghan, de route iranienne, de terre rouge, de bébés naissants, d'amis épris de ce métier.

Je suis épatée par la capacité des êtres humains à se relever de tout et à ne pas casser.

Avec la fin du printemps afghan apparaît le lourd soleil cuisant les peaux et les âmes. Nous pouvons sentir au-delà de la poussière la pesanteur d'un ramadan arrivant à grands pas. La pluie apaise un instant et efface de ses gouttes l'histoire de cette ville en reconstruction. Les tractopelles effacent les traces des anciens habitants de la ville. Les stigmates du passé sont rasés dans une poussière inextricable et le goudron noir, témoin de la naissance de la civilisation moderne, donne une impression de neuf. À quand la disparition des chariots à chevaux, déjà quasiment invisibles au milieu des Corolla et des 4 x 4, à quand le nettoyage des carrioles débordantes et des camions pakistanais si beaux et majestueux, colorant les rues de Kaboul, dont les doux sons de cloche rappellent que nous sommes sur la route de la soie, au carrefour des mondes, au centre de l'histoire où seuls les camions de l'ISAF ne circulent pas. La vie joue son rôle d'échanges et d'envies, de besoins et d'achats, de gris poussière et d'éclat asiatique. Nous sommes au pays où les abricots sont sucrés, les tourterelles chantent et les carrioles embouteillent une ville. Kaboul aussi impressionnante que simple, aussi enclavée que majestueuse, aussi poussiéreuse que passionnante, aussi inquiétante qu'attirante.

Kaboul porte au-delà d'elle-même la possibilité de ces échanges sans modération. Elle pousse, à celui qui prend le temps d'écouter ses conseils, le destin à son paroxysme.

Le chant du muezzin berce et rythme le temps. Le doux son d'un appel, d'un rappel à la vie et à son intensité. Il est impossible de ne pas l'entendre.

Ce pays est la terre des contradictions, entre l'aridité des sols et la tradition de l'hospitalité, entre la hauteur des montagnes et l'altitude des besoins. Les querelles de clocher et la suspension des espoirs, les constats et les spéculations. Ici, le temps a un autre sens.

Au milieu de cette passion dévorante, ne me quitte jamais cette envie le matin de vivre au milieu de cette immense prolepse – une vision de la vie et des certitudes.

Des nuits à écouter le son de la rue.

Si l'on reprenait depuis le début le long chemin parcouru, Diderot serait jaloux de l'encyclopédie ainsi écrite. Le monde frôle les pas de ces humains et l'histoire des pays s'inscrit sur leur peau.

Les rencontres entre des mondes si différents, des échanges de points de vue aussi éloignés que Pluton puisse l'être de nos mers.

N'est-ce pas l'impertinence de l'humanitaire ? Comme l'Afghanistan, je crois en l'impossible et aux contradictions. L'humanité ne peut être entendue que dans son entièreté.

Priscilla Telmon

La part de l'âme

Priscilla Telmon est cinéaste, photographe et auteure, membre de la Société des explorateurs français. Elle a notamment publié La Chevauchée des steppes *et* Himalayas, sur les pas d'Alexandra David-Neel. *Elle se consacre depuis dix ans, à travers sa maison de production et la* Collection Petites Planètes, *à l'exploration de la musique sacrée, des rites contemporains et de l'art comme soin.*

« On fit comme toujours un voyage au loin de ce qui n'était qu'un voyage au fond de soi. »

VICTOR SEGALEN

L'orage s'apaise enfin après plusieurs jours de pluie, les lourds nuages gris couvrent le ruban de ciel depuis les rives du rio Pisqui, l'air est d'une épaisseur humide, hypnotique. Le moteur de la pirogue ronronne, je me laisse bercer par sa musique, voilà trois jours que nous sommes partis du port de Yarinacocha. Je reviens dans la communauté d'El Vencedor, au cœur de la forêt amazonienne au Pérou, où vit Justina Serano Alvarez, chamane de l'ethnie Shipibo-Conibo, ma mère spirituelle qui m'a adoptée comme sa fille. Ma remontée vers cette communauté me conduit aux sources d'un savoir ancestral. Chaque kilomètre vers l'amont me rapproche des profondeurs de la forêt où ce « peuple racine » a forgé les connaissances que continuent de se transmettre les générations d'aujourd'hui. Notre pirogue est une navette glissant sur la haute lisse du temps. La jungle s'ouvre. Le village apparaît devant le ruban du fleuve. Parfois, les voyageurs parlent de la jungle comme de l'enfer vert. À El Vencedor, j'ai le sentiment de revenir dans un paradis. Est-ce le voisinage permanent avec une nature intouchée qui irrigue de joie les enfants de ce havre ? Je les retrouve grandis. Parmi eux, certains développeront en grandissant le don de lire la partition de la forêt et d'en interpréter les signes.

Mon parcours n'a jamais été une ligne droite : l'inattendu, les expériences et les rencontres l'ont modelé. D'expéditions humanitaires en voyages aventureux, de reportages en tournages, de sommets en horizons lointains, portée par le feu de consacrer ma vie à mieux comprendre ce monde, l'éprouver, l'expérimenter, et de transmettre mes recherches. Ces périples étaient aussi un apprentissage du dépassement personnel, une expérience mystique, pratique qui n'est pas intimement intégrée à nos cultures, mais j'avais senti son appel.

En 2008, lors du tournage d'un documentaire sur la sauvegarde des plantes médicinales, j'avais rencontré Justina dans ce même village. Nous avions été présentées par un de ses neveux, elle acceptait pour la première fois de recevoir des occidentaux chez elle. Cette rencontre, que je n'attribue pas au hasard, fut déterminante ; l'alchimie fut immédiate, une reconnaissance souterraine. Elle vit comme un signe que je porte le même prénom que sa fille. Choisie par elle et les esprits, je ne pouvais qu'accueillir l'enseignement qu'elle m'offrait. À la fin d'*Ulysse*, James Joyce fait répéter à l'un de ses personnages : « Certains préfèrent aller jusqu'au bout du monde plutôt que de se traverser eux-mêmes. » Est-ce la rencontre avec soi-même qu'on élude en partant au bout du monde ? Guidée par

Justina, j'ai pénétré le monde des visions et des esprits. Je ne savais pas encore que j'étais embarquée dans un voyage sans retour.

Le peuple Shipibo-Conibo est l'un des plus importants d'Amazonie péruvienne. Ils vivent au sein de cent vingt communautés établies le long de l'Ucayali et de ses affluents. Ils sont pêcheurs, chasseurs, cueilleurs et horticulteurs de tradition. La jungle amazonienne s'étend sur sept millions de kilomètres carrés entre l'Équateur et le Brésil. Sanctuaire de la biodiversité, avec quelque 75 000 espèces, elle abrite vingt-trois écosystèmes différents et renferme la plus grande concentration d'organismes biologiques de la planète. Les scientifiques estiment qu'ils représentent plus de 30 % de l'ensemble des espèces connues dans le monde. Les plantes médicinales recèlent des propriétés vitales pour la santé de l'homme. Au Pérou, elles soignent depuis des millénaires. Pour les peuples indigènes, toutes les plantes et les arbres sont habités par des esprits, gardiens et propriétaires de l'âme du végétal. Ce trésor qui prospère sous la canopée part en fumée chaque année à mesure que la déforestation progresse.

Chez les Shipibo, comme dans bien des sociétés humaines, on dit qu'en parallèle du monde physique il existe un monde autre et invisible, peuplé d'entités et d'ancêtres. L'accès des esprits est réservé à des personnes particulières, femmes et hommes-médecine, appelés au Pérou *curandero*, *maestro* ou *maestria*, *onaya*, *meraya*, « celui qui a rencontré les esprits ». Pour eux, les mondes visibles et invisibles coexistent, dans des espaces différents et sont reliés par ces « voyageurs des deux mondes », passeurs sans frontières que sont les chamans. Ce pouvoir leur confère une place éminente au sein de la communauté. Ils ont le devoir d'assurer l'équilibre du groupe. Nombre de manifestations incontrôlées et inexpliquées de la conscience et des sens sont considérées comme des expressions de la présence des esprits. Le monde invisible est régi par des communautés d'esprits bienfaisants et malfaisants qui, lorsqu'ils nuisent aux humains, peuvent provoquer le rapt de l'énergie vitale de la personne, et la contamination énergétique. Le concept chamanique de la maladie est pratiquement identique chez tous les « peuples racines ». Il est d'ailleurs une étonnante synthèse de leur spiritualité : un corps tombe malade lorsque les relations qu'il entretient avec l'esprit (ou l'âme), les autres hommes et/ou l'univers, sont déséquilibrées. Autrement dit, lorsque les actes d'un homme sont en désaccord avec ses sentiments ou ses pensées, ou qu'il rompt l'harmonie des relations avec ses semblables, ou encore qu'il déroge à l'équilibre des forces de l'univers. Dans tous les cas, il s'agit d'une dysharmonie dans l'interaction avec l'environnement, ce que précisément un *curandero* peut corriger grâce à sa capacité d'agir sur les forces du monde. Les désordres intérieurs sont soignés en première intention par des plantes médicinales, sachant qu'à travers elles, c'est le souffle guérisseur de l'univers qui est thérapeutique. L'énergie de la plante remonte à la source du déséquilibre et efface sa trace dans le corps. Lorsque les plantes ne parviennent pas à guérir le patient, celui-ci en conclura tout naturellement qu'il a été ensorcelé, ou que son âme est touchée, et ceci indépendamment des symptômes qui sont pourtant restés les mêmes. En Amazonie péruvienne, un très grand nombre des maladies ont une dimension socioculturelle. Elles sont considérées comme la résultante de forces négatives, intentionnellement projetées dans le cadre des relations humaines. Cette dimension psychosociale de la maladie est apparue récemment en Occident, alors qu'elle a toujours existé dans les sociétés traditionnelles. Selon la conception du monde des Shipibo, la maladie est la manifestation physique d'un point de rupture. Tout traitement doit agir sur les sources de la maladie et non pas sur les symptômes apparents. Cette approche globale ou holistique de la santé intègre les dimensions physiques, mentales et spirituelles.

L'art du *curandero* repose sur des techniques d'altération de la conscience permettant d'atteindre ce que l'on appelle des états modifiés de conscience (EMC). Les plantes hallucinogènes sont alors utilisées dans ce processus. La conscience du guérisseur, parce qu'elle est amenée à un état différent, deviendrait « réceptrice » des forces cachées de l'univers, ce qui lui permettrait d'interagir avec elles. Un tel résultat ne s'obtient qu'après des années d'enseignement et de travail sur soi. Même si en théorie toute personne peut s'approcher de cet état, certaines semblent plus reliées que d'autres. Selon les cultures, elles auraient reçu de leurs proches cette fameuse disposition, soit de manière héréditaire, soit au contact d'un guérisseur qui les a choisies pour leur transmettre sa connaissance, soit encore par l'expérience d'une maladie ou d'un accident aux frontières de la mort, qui serait la porte d'accès à des perceptions particulières.

Justina me parle de la maladie qui l'a frappée durant son enfance comme d'une « petite mort », d'une « expérience baignée de souffrance » qui l'a radicalement transformée. Son oncle *curandero* l'a alors initiée. Dépositaire de secrets ancestraux, il lui a enseigné sa connaissance des savoirs magiques, des mythes et des légendes. Elle s'est plongée pendant plusieurs années dans des « diètes » pour apprendre, ce que peu de femmes ont le temps et la force de faire au Pérou, emportées par la vie familiale et les contraintes du quotidien. Elle a développé son clair ressenti et s'est alliée aux esprits qu'on retrouve dans ce que certains ethnologues appellent « le monde-autre ». À ses yeux, « le mystère de la vie n'est pas un problème à résoudre, mais une réalité à vivre, en en faisant l'expérience. On ne peut comprendre un processus en l'interrompant, il faut suivre son mouvement, le rejoindre, et cheminer avec lui, pour faire corps ».

Je me rappelle son premier regard plein de flammes. Elle connaissait déjà les étapes importantes de ma vie. En 1999, quelques semaines avant le départ pour notre traversée de l'Asie centrale à cheval avec Sylvain Tesson, fauchée par une voiture, je suis restée quelques heures dans le coma. J'y ai vécu une expérience de sortie de corps, dite NDE (*near death experience*). Je me souviens des pompiers et urgentistes tenant concile autour de moi ! Je flottais au-dessus d'eux, attendrie par ce corps inerte sur la civière qui me semblait étranger. Autour de moi l'amour était une sorte de respiration profonde, une lumière, une paix immense. Rien ne peut qualifier cette tendresse enveloppante, qui abolit le dedans et le dehors. Je ne voulais plus quitter cet état, je me sentais pourtant aspirée par ce corps, et me réveillai dans une souffrance aiguë. Pourquoi n'ai-je rien dit à personne ? Que dire ? Comment le dire ? Les mots seraient tant réducteurs. Qui entendra que je suis vidée de moi par ce « plein » qui d'avance acquitte tout ! L'empreinte de cette expérience ne me quittera jamais. Dans le secret du cœur, ce voyage dans les autres mondes est une manière d'explorer ce qu'il m'a été donné de voir. Je comprends aujourd'hui que les fils d'hier se tissaient, se croisaient déjà sans que j'aie pu le verbaliser à ce moment-là.

Le processus de guérison consiste tout d'abord en un diagnostic du patient, une sorte de « scanner » visuel qui permet au *curandero* de faire un bilan « médical » de la personne grâce aux visions provoquées par la session d'ayahuasca. Les visions sont indispensables pour voir le passé proche du patient, sa situation relationnelle tant avec ses semblables qu'avec les entités, afin de remonter à la cause précise du mal. Le guérisseur perçoit parfaitement ce qui se passe, tant à l'intérieur qu'à l'extérieur du corps du malade. Une fois le diagnostic établi, il doit rétablir la santé du patient en consultant ses esprits alliés dans le monde-autre. Il procède alors à la guérison, soit en extirpant le mal du corps du malade par succion et/ou des opérations « chirurgicales » symboliques (la représentation agissant sur le réel), soit en projetant l'intention du chaman de guérir, manifestée sous forme de chant, de souffle et de fumée de tabac dans le corps du patient. Si celui-ci a pris aussi l'ayahuasca, il peut voir apparaître les esprits opérant directement sur son corps. Selon la conception Shipibo, l'opération se produit par l'intervention des esprits dans l'invisible et agit directement sur le corps physique du malade. En Amazonie, le corps malade, vu en transparence, dévoile des zones obscures. « Toute matière est énergie », me répète Justina. Lors des cérémonies, elle voit les dysharmonies et aspire par la bouche l'énergie néfaste qui s'y est nichée ; elle doit ensuite la neutraliser avant de la rejeter dans l'univers. Cette opération n'est jamais sans danger pour le guérisseur, car l'énergie aspirée peut parfaitement se retourner contre lui. Justina dit que l'âme, *kaya*, est comme une lumière invisible que l'on pourrait voir seulement en session d'ayahuasca. C'est l'énergie vitale de la personne, qui renvoie au « corps astral » des mystiques ou « corps éthérique » comme le double de la personne, invisible pour le commun des mortels et perceptible pour ces passeurs.

Les Shipibo nomment l'ayahuasca la purge, le remède ou la médecine. Elle signifie « la liane des morts » en quechua. La préparation se compose de morceaux de liane fraîchement coupée, broyée pour en extraire l'amertume et mise à bouillir dans de l'eau pendant huit heures, avec les feuilles de *chakruna*. C'est par ces deux plantes de guérison qu'on obtient le nectar qui sera bu en cérémonie. La première provoque les nausées, la deuxième ouvre les visions, sorte d'ivresse appelée *mareacion*. La *chakruna* contient de la diméthyltryptamine (DMT), une hormone sécrétée naturellement par le cerveau humain. Elle est inactive par voie orale, puisqu'elle est détruite par la monoamine oxydase, une enzyme de l'appareil digestif. Mais l'écorce de l'ayahuasca utilisée dans la préparation contient précisément plusieurs substances qui protègent l'hormone de l'assaut de cette enzyme et permet l'action psychotrope des deux plantes. Dans les temps anciens, les chamans Shipibo utilisaient de nombreuses plantes et des techniques différentes pour accéder à ces états de transe. Aujourd'hui, l'ayahuasca est la plante la plus communément utilisée par les guérisseurs amazoniens. Elle a l'avantage par rapport aux autres substances psychoactives, de ne créer aucune sorte de dépendance, et ses effets, même forts, ne conduisent jamais à une perte de conscience ou d'oubli de ce qui se passe dans cette dimension.

Il faut rappeler que la transe est un potentiel cognitif auquel nous avons tous accès, mais nous le sollicitons peu ou pas. Elle se manifeste dans les états d'urgence qui abolissent le temps et l'espace, donne une clarté et parfois une force que l'on dit surhumaine, ou lors d'états modifiés de conscience, ceux-là mêmes que l'on retrouve en consommant les plantes-médecines comme l'ayahuasca ou en les induisant par différentes techniques chamaniques comme le tambour. L'homme aussi est un terrain d'aventure et d'exploration, c'est le dépassement personnel qui consiste à s'explorer soi-même comme on parcourt une page blanche.

Dans l'intimité de la petite maison sur pilotis, je m'intègre à la famille, participe à toutes les tâches. Nos journées sont rythmées par la pêche, le puisage de l'eau à la rivière, la collecte des fruits, des plantes médicinales, la couture, la fabrication de paniers, la préparation des repas, et les soins apportés aux enfants. La nuit, Justina m'entraîne à voyager dans « l'autre monde », à en accepter les effets, les visions, à me familiariser avec les différents esprits. L'initiation est un processus lent qui demande l'intégration des expériences à divers niveaux ; physique, psychique, émotionnel, spirituel. « À l'échelle du cosmique (toute la physique moderne nous l'apprend) seul le fantastique a des chances d'être vrai », assure Teilhard de Chardin. Mais, pour nous, le phénomène humain doit aussi se mesurer à l'échelle du cosmique. C'est ce que disent les plus anciens textes de sagesse.

Justina rayonne, avec la douceur et l'humilité de ceux qui n'ont plus rien à prouver. Elle accueille les malades qui viennent de tout le pays pour être soignés. Son énergie est contagieuse, magnétique. À chacun elle porte une attention particulière et sincère. Elle dort peu, mère et grand-mère le jour, maestra la nuit. C'est lors de mon premier voyage qu'elle m'a parlé des *chaikoni*, « ceux qui sont cachés », des personnes invisibles, à l'image des humains. Ils seraient les premiers habitants de l'Ucayali, avant même l'arrivée des Incas et des Shipibo. Les *chaikoni* ont une origine mythique, relatée dans « l'arbre mystérieux » *noya rao jiwi*, littéralement l'« arbre de la médecine qui vole » ou la « médecine du vent ». Les hommes constatèrent qu'en tombant dans la rivière ses feuilles avaient des effets magiques. À leur contact ou lors de leur ingestion, les poissons se transformaient en oiseaux pour se mettre à voler tandis que les oiseaux se transformaient en poissons pour se mettre à nager. Ils la consommèrent et devinrent transparents. Ces hommes sont devenus des êtres *chaikoni*. Ils aident le *curandero* dans son travail, mais aussi les humains lorsqu'ils se trouvent en difficulté. On les voit sous certaines conditions. Justina me parle avec émotion de sa famille de l'invisible, d'un père, de sœurs et d'un autre mari. Ils l'aident pendant ses sessions de guérison, la protègent, la guident dans le processus de soins de ses patients.

Dans son ouvrage *Femmes d'aventure, du rêve à la réalisation de soi*, la psychiatre Catherine Reverzy explore l'attrait des aventurières pour l'inconnu et l'aventure, leur capacité à faire face à la peur et au danger pour atteindre leur but. Elle emprunte au psychanalyste hongrois Michael Balint les deux mots qu'il inventa à partir des racines grecques *phile* et *phobe* pour différencier les phénomènes d'attraction et de répulsion : « "ocno-phile" du grec *oknéo*, s'accrocher, mais aussi hésiter, désigne "qui aime s'accrocher", et "philo-bate" veut dire "qui aime marcher sur les extrémités", les frontières. Tel l'acrobate ».

La philobate m'habiterait-elle ? Ici je suis une initiante, un nouveau-né au sens où l'initiation, semblable au cheminement de l'enfance vers l'âge adulte, me fait acquérir la maîtrise et les connaissances chamaniques grâce à une sensibilisation accrue de mes possibilités perceptives. L'initiant et le malade suivent tous deux un « régime » dit « diète » à base de plantes, l'une initiatique, l'autre thérapeutique. C'est une pratique de guérison connue chez les Shipibo d'Amazonie. Principal outil de la médecine amazonienne, elle est utilisée pour le rétablissement et l'apprentissage de la médecine. Pour que cette énergie se développe harmonieusement en soi et apporte la guérison cherchée, il faut suivre certaines pratiques alimentaires et comportementales. Les énergies des plantes sont subtiles et délicates. Elles peuvent être perturbées si on entre en contact avec d'autres énergies. La diète permet de protéger l'énergie des plantes avec lesquelles on travaille. Suivre une diète initiatique implique de « nettoyer, purifier » le corps pour lui donner une réceptivité maximale aux effets de la plante, grâce à un régime strict sans épices, sel, graisses, mais aussi sans sucre et aliments acides. L'alimentation au cours de la diète se compose exclusivement de féculents (manioc, banane plantain, riz...), de poissons et de viandes blanches maigres, bouillis qui doivent être mangés délicatement sans en rompre ni les os ni les arêtes. Les restes du repas sont jetés dans l'eau ou dans le feu afin qu'aucune personne ou animal ne puisse les toucher. La consommation d'alcool et les relations sexuelles sont également interdites. En cas de non-respect de ces règles en état de conscience ou onirique, l'énergie de la diète se retourne contre le patient. Je me plierai à cette ascèse pendant des mois.

La connaissance des propriétés des plantes a permis aux chamans d'entretenir un dialogue permanent avec la nature qui les entoure. La forêt est un être vivant, dont chaque plante, chaque arbre et chaque animal est une manifestation de la vitalité. Pour chaque maladie décelée, Justina puise un remède dans la luxuriance de « sa forêt ». Elle en connaît chaque recoin, chaque murmure, chaque parfum et possède une cartographie mentale du millier d'espèces médicinales auxquelles elle a recours. Elle protège, replante, prélève ce dont elle a besoin dans sa collection à ciel ouvert.

Parmi les 119 plantes de base utilisées dans la fabrication de nos médicaments, 74 % auraient été découvertes par les populations indigènes. Elles recèlent des molécules aux pouvoirs guérisseurs et des propriétés cachées que connaissent les chamans. Les Shipibo affirment que ce sont les plantes elles-mêmes qui leur ont enseigné la façon de les utiliser. Comment les chamans sont-ils parvenus à créer des médicaments à partir de savants mélanges de plantes ? L'hypothèse d'une médecine fondée sur le hasard ne tient pas lorsqu'on sait qu'il existe 80 000 espèces de plantes majeures dans la forêt amazonienne. Si les chamans avaient procédé à l'aveugle, ils n'auraient eu qu'une chance sur 6 milliards d'obtenir des résultats. Il suffit de considérer la complexité de certaines préparations, comme le curare. Ce poison est une combinaison d'une douzaine de plantes, cuites ensemble pendant soixante-douze heures. Son action est particulièrement précise : il neutralise les muscles – notamment des singes, qui tombent des arbres –, mais sans empoisonner la viande. Dans les années 1940, elle a révolutionné la médecine moderne. Le curare est aujourd'hui utilisé par les chirurgiens du monde entier.

Le regard des observateurs occidentaux sur ces « hommes-médecine » a considérablement évolué au fil du temps. En 1557, le missionnaire français André Thevet, découvrant les « prêtres » de la forêt amazonienne, les décrit comme des « ministres du diable ». Trois siècles et demi plus tard, en 1887, l'anthropologue germano-américain Franz Boas, étudiant les rituels des Inuits du Groenland, et analysant les connaissances psychiques et religieuses qu'ils impliquent, constate que celles-ci sont fondées sur un fonctionnement humain en tous points semblable à celui des Occidentaux. Si les sciences occidentales cartésiennes rejettent l'irrationnel, on oublie qu'avant d'écrire le *Discours de la méthode* Descartes affirmait l'avoir rêvé. Un rêve n'est-il pas un état modifié de la conscience ? En 1450, le penseur allemand Nicolas de Cues disait déjà que « tout être existant dans le monde est à la fois image visible et vérité invisible ». Les recherches de Mircea Eliade, Aldous Huxley, Carlos Castaneda, Michael Harner, Claude Lévi-Strauss et de tant d'autres ont largement contribué à en percer les mystères.

Dans son livre *Le Serpent cosmique : l'ADN et les origines du savoir*, l'anthropologue canadien Jeremy Narby avance l'hypothèse qu'il existe une relation entre les serpents entrelacés que perçoivent les chamans amazoniens dans leurs visions et la double hélice de l'ADN, aujourd'hui familière aux biologistes moléculaires. Les chamans utiliseraient-ils certaines techniques pour réduire leur conscience au niveau moléculaire et accéder ainsi à la connaissance du serpent/principe vital, alias ADN ?

Le serpent anaconda est l'animal sur lequel sont fondées toute la cosmologie et la mythologie shipibo : le cours d'une rivière rappelle l'anaconda, les visions du chaman sous ayahuasca sont peuplées de ces serpents, le tracé des dessins géométriques des femmes est souvent comparé aux mouvements du reptile. Par sa morphologie serpentine, la liane ayahuasca est liée au serpent, que l'on peut percevoir dans les visions. En effet, le mythe d'origine de cette liane chez les Kashinawa relate que, dans les temps reculés, seuls les anacondas connaissaient et buvaient l'ayahuasca, dans leurs communautés au fond des eaux. Un jour, un homme épousa une femme anaconda et partit vivre avec elle sous les eaux, abandonnant sa famille humaine. Lorsque cette dernière vint la réclamer, l'homme s'échappa du monde aquatique et revint vivre parmi les humains. Il leur enseigna comment préparer et boire l'ayahuasca, selon les connaissances apprises dans sa famille anaconda. L'anaconda est un véhicule dans les mythes et dans les visions du chaman. L'ayahuasca agit de manière identique, car il transporte l'impétrant dans une autre perception. Les visions qu'elle procure guident les actes mentaux ou physiques du chaman.

Après des années de recherches, guidé par les analogies, Jeremy Narby découvre que partout dans le monde il existe des correspondances. Tour à tour symbole terrestre ou céleste, expression des cycles matériels ou des forces psychiques, le serpent a su représenter au cours des âges la plupart des aspects complémentaires ou contradictoires de l'Univers en mouvement. Les taoïstes chinois représentent le yin et le yang, principe vital d'origine cosmique, par l'enroulement de deux formes serpentines et complémentaires. Selon le biologiste moléculaire Christopher Wills, « les deux chaînes d'ADN ressemblent à deux serpents enroulés autour d'eux-mêmes dans une sorte de rituel amoureux ». La plus ancienne médecine connue, celle de

Sumer au troisième millénaire avant J.-C, célébrait déjà le génie protecteur Nin Gish Zidda, féminin de l'arbre sacré et du souffle de vie, dont l'emblème est le double serpent de vie, le caducée. Le serpent représente la capacité d'auto-régénération, car il quitte constamment son ancienne peau pour se renouveler. Il est lié à l'art de guérir. Quant à Mircea Eliade, dans *Le Chamanisme et les techniques archaïques de l'extase*, il considère qu'il existe « d'innombrables exemples » d'échelles chamaniques sur les cinq continents : ici des « échelles tournantes », là des « escaliers » ou des « cordes tressées », impliquant nécessairement une communication entre le ciel et la terre. Dans l'Ancien Testament, Jacob rêve d'une échelle dont le sommet atteint le ciel, par laquelle « les anges du Seigneur montent et descendent ».

Aujourd'hui les ethnobotanistes reconsidèrent les théories sur l'esprit des plantes et les relations de communication que tissent les essences vivantes entre elles. Les recherches vont jusqu'à prouver l'intelligence de ces entités et leur langage secret. La communauté scientifique se penche avec respect sur le savoir ancestral et les sciences chamaniques, autrefois conspuées, et s'ouvre à des recherches passionnantes en neurosciences et du potentiel de la transe cognitive et ses vertus thérapeutiques.

Les « cérémonies » commencent à la nuit tombée et se prolongent jusqu'au petit matin. Nous assistons Justina avec ses deux derniers fils, qu'elle initie également, et de son mari. Nous buvons tour à tour le liquide rougeâtre, presque brun. Le goût est âpre et donne la nausée à la première gorgée. Justina allume un *mapacho*, ce tabac noir roulé en cigarette. La fumée de tabac, comme l'« eau fleurie », permet d'harmoniser l'environnement afin de protéger les hommes contre les esprits farceurs. Après une demi-heure de silence pendant laquelle la plante agit, Justina commence à chanter une première mélodie appelée *Icaros*, qui va droit au cœur. Ce chant serait comme une clé vibratoire qui aiderait à rééquilibrer les énergies de chacun et à restituer une harmonie intérieure. Si l'énergie est l'expression de la connaissance, les *Icaros* pourraient être la traduction sonore de cette connaissance. Narby les décrit comme des « chants de savoir et de pouvoir, des poésies végétales qui évoquent une autre réalité, qui nous permettent d'entrer dans un autre monde ». Ce sont des cordes auxquelles on s'accroche quand on est en train de se noyer dans les visions. C'est d'ailleurs la seule chose à faire : écouter la mélodie, ne pas la lâcher et respirer. Au commencement était le son ? Les mots seraient-ils des énergies ? Une sorte de pharmacologie verbale, comme si cette dernière, douée de vie, pouvait agir sur le monde ? Il est des langages qui contiennent et délivrent d'autres mondes et ouvrent à la compréhension que tout est énergie.

Certains soirs, les visions m'apparaissent très vite. Une étrange puissance, à la fois en dehors et en dedans de moi, m'entraîne ; une lueur grandit comme une force d'appui. Sueurs froides. Juste envie de vomir. Un état d'urgence où l'énergie plutôt que l'impatience appelle la pleine présence à soi. Je ferme les yeux. Je vois l'intérieur de mon corps. La plante me triture l'estomac, les viscères. Elle végétalise mon cerveau qui déploie des images d'animaux et de plantes. Un monde où tout le vivant est interdépendant et où nous sommes tous reliés. La jungle nous regarde et forme un écrin vert. Les visions défilent à toute vitesse, sans que je puisse les retenir. L'ayahuasca est une sorte de catalyseur capable de surmonter les barrières de communication qui nous séparent des autres espèces. Les différences entre l'humain et le végétal sont anéanties et les plantes deviennent des êtres sensibles qui communiquent. Ma vie défile devant moi, à rebours, et chaque événement, chaque détail prend une dimension lumineuse, chargée de sens, qui révèle une intention puissante, sans ombres, un surplus de présence qui éclipse celle dont je tirais jusqu'à présent mon identité. J'ai la sensation d'habiter ce corps, de m'habiter pour la première fois.

Parfois, les visions deviennent plus noires et menaçantes, mais les mélodies de Justina me guident et m'empêchent de sombrer. Elle m'accompagne pour aller explorer les tunnels sombres, les sommets les plus hauts, les émotions les plus terribles, jusqu'à faire l'expérience de ma propre mort. Elle me répète que « la peur tue l'esprit, qu'il me faut l'affronter, qu'elle me traversera pour retrouver la paix ». À chaque cérémonie ma conscience s'aiguise. Les images et les sensations arrivent par vagues. Une acuité au monde nouvelle. Peu à peu, je pénètre le monde des esprits de la nature, je sens la présence de l'anaconda à mes côtés. Je ne sais plus qui de lui ou de moi est le serpent ! Après plusieurs semaines passées à assister Justina en cérémonie, je la perçois entourée de sa famille *chaikoni*. Je regarde son énergie se déployer. Je vois les yeux fermés, mes mains peuvent toucher l'air, sentir les formes en lui, percevoir les courants d'énergie tout autour de nous, j'entends des chants que je ne connais pas et que je me mets à chanter spontanément, comme si soudain mes sens, mon cerveau s'ouvraient à des capacités inconnues, plus subtiles, à une sorte de conscience globale qui me permettait d'appréhender la réalité différemment. De révéler en moi ce que je ne savais pas connaître, de quitter ma pensée réflexive pour n'être plus que perception. « Loin de la nature le cœur de l'homme s'endurcit, parce qu'il demeure confiné dans l'ignorance, il ne lui est que difficilement possible d'appréhender sans a priori qu'il y a d'autres réalités », me souffle Justina un matin dans un sourire.

Les chamans ne s'arrêtent pas à l'apparence des choses. Leur regard perce la transparence de tout être, explore le plus profond de la psyché, décrypte les mécanismes mêmes de la pensée pour que se révèle ce monde invisible. Il m'est donné de voir ce rapport étroit avec la nature qui nous entoure. Des visions d'êtres vivants, de plantes et de profondeurs océanes m'apparaissent, intimement liés dans un tout universel. Chaque être vivant n'existe qu'à travers le maintien de cette relation.

Malgré certaines dérives de la modernité où les pratiques chamaniques font recette, rompant totalement avec l'essence même et les racines profondes des traditions, les peuples indigènes du Pérou se disent les gardiens de ces lieux, de l'héritage des anciens, et entretiennent un rapport avec leur écosystème. Ils en connaissent les fragilités et les moyens de garder l'équilibre. Surtout, ils savent qu'ils sont totalement dépendants de cette nature et que la survie de leur peuple en dépend. Ils ne croient aucunement pouvoir la dominer, la maîtriser. Ils n'en sont qu'un maillon et doivent jouer leur partition à l'intérieur du rôle qui leur est confié.

Est-il encore possible pour l'*Homo sapiens* de survivre aux différents modes de civilisation qu'il a engendrés ? L'homme moderne technocrate est-il encore capable d'appréhender la véritable dimension de l'être humain dans son environnement immédiat, le cosmos et le plan divin ? Peut-il encore se détacher du « techno-cocoon » auquel il est asservi ? À l'heure des rapports chaque fois plus alarmants du Giec sur l'effondrement du Vivant, des conflits aux quatre coins du globe, le monde moderne n'aurait-il pas des enseignements à puiser dans la sagesse de ces peuples racines ? N'est-il pas temps d'accorder les battements d'un monde devenu fou aux pulsations de la forêt, d'écouter ce langage de la nature et de ces gardiens ? L'heure des savoirs traditionnels a peut-être sonné, aujourd'hui que les systèmes de développement moderne ont prouvé leur incapacité à préserver l'harmonie entre la nature et les hommes.

Mon initiation continue, auprès des peuples d'Amazonie et d'Afrique, j'ai appris à voyager du dehors vers le dedans, du mouvement vers l'immobilité, du bruit vers le silence, pour comprendre avec émotion l'étroite communion de l'homme et du Vivant.

Table

Isabelle Autissier, *5*
Préface

Aurore Asso, *9*
Un souffle pour l'Arctique

Daphné Buiron, *63*
Objectif Antarctique

Katell Faria, *91*
L'appel du Rojava

Mélusine Mallender, *161*
Quelques heures sur le lac

Catherine Maunoury, *183*
Voler. Une possibilité magnifique

Justine Muzik, *219*
J'avance à travers l'humanité

Priscilla Telmon, *251*
La part de l'âme

Les Éditions Points s'engagent pour la protection de l'environnement et une production française responsable

Ce livre a été imprimé en France, sur un papier certifié issu de forêts gérées durablement, chez un imprimeur labellisé Imprim'Vert, marque créée en partenariat avec l'Agence de l'Eau, l'ADEME (Agence de l'Environnement et de la Maîtrise de l'Énergie) et l'UNIC (Union Nationale de l'Imprimerie et de la Communication).

La marque Imprim'Vert apporte trois garanties essentielles :

- La suppression totale de l'utilisation de produits toxiques
- La sécurisation des stockages de produits et de déchets dangereux
- La collecte et le traitement de produits dangereux

RÉALISATION : NORD COMPO À VILLENEUVE-D'ASCQ
IMPRESSION : NORMANDIE ROTO IMPRESSION S.A.S. À LONRAI (61)
DÉPÔT LÉGAL : JUIN 2022. N° 150406-2 (2203438)
IMPRIMÉ EN FRANCE

Collection Points Aventure

Pour aller plus loin :

Site Internet : www.points-aventure.com
Page Facebook : @pointsaventure

P68. Leurs mains sont bleues, *Paul Bowles*
P454. Les Immémoriaux, *Victor Segalen*
P456. Traité du zen et de l'entretien des motocyclettes
Robert M. Pirsig
P607. Besoin de mer, *Hervé Hamon*
P683. Balkans-Transit, *François Maspero*
(photographies de Klavdij Sluban)
P736. L'Abeille d'Ouessant, *Hervé Hamon*
P1322. Mésaventures du paradis. Mélodie cubaine
Érik Orsenna (photographies de Bernard Matussière)
P1524. Retour dans la neige, *Robert Walser*
P1557. La Colline des anges. Retour au Vietnam (1972-1992)
Jean-Claude Guillebaud, Raymond Depardon
P1558. La Solitude heureuse du voyageur, *précédé de* Notes
Raymond Depardon
P2110. Tabarly, *Yann Queffélec*
P3024. Avant la dernière ligne droite, *Patrice Franceschi*
P3025. Boréal, *Paul-Émile Victor*
P3026. Dernières Nouvelles du Sud, *Luis Sepúlveda*
(photographies de Daniel Mordzinski)
P3027. L'aventure, pour quoi faire ?, *collectif*
P3069. La Pointe du couteau, *Gérard Chaliand*
P3126. Le Regard du singe, *Gérard Chaliand, Patrice Franceschi,*
Sophie Mousset
P3192. La Mort suspendue, *Joe Simpson*
P3193. Portrait de l'aventurier, *Roger Stéphane*
P3233. Aventures en Guyane. Journal d'un explorateur disparu
Raymond Maufrais
P3290. Mes Vies d'aventures. L'homme de la mer Rouge
Henry de Monfreid
P3291. Cruelle est la terre des frontières. Rencontre insolite
en Extrême-Orient, *Michel Jan*
P3314. Le monde comme il me parle, *Olivier de Kersauson*
P4041. Clipperton. L'atoll du bout du monde
Jean-Louis Étienne

P4042. Banquise, *Paul-Émile Victor*
P4090. Pianotrip. Tribulations d'un piano à travers l'Europe
Lou Nils et Christophe Clavet
P4091. Don Fernando. Le seigneur de l'Amazone
Fernand Fournier-Aubry
P4132. À la recherche de mon fils. Toute une vie sur les traces d'un explorateur disparu, *Edgar Maufrais*
P4133. Un long printemps d'exil. De Petrograd à Saigon. 1917-1946, *Olga Ilyina-Laylle, Michel Jan*
P4193. À la recherche de Livingstone, *Henry Morton Stanley*
P4194. Eiger, la dernière course, *Joe Simpson*
P4277. Croquis de voyage, *Joseph Roth*
P4278. Aller voir ailleurs. Dans les pas d'un voyageur aveugle
Jean-Pierre Brouillaud
P4377. Persévérer. On ne repousse pas ses limites, on les découvre
Jean-Louis Étienne
P4378. Aventures au Mato Grosso, *Raymond Maufrais*
P4418. De l'esprit d'aventure, *Gérard Chaliand, Patrice Franceschi, Jean-Claude Guilbert*
P4446. Laissé pour mort à l'Everest, *Beck Weathers, avec Stephen G. Michaud*
P4447. Les Fleuves immobiles, *Stéphane Breton*
P4498. Le Sur-vivant, *Reinhold Messner*
P4499. Paul-Émile Victor. J'ai toujours vécu demain
Daphné Victor, Stéphane Dugast
P4557. L'Aventure, le choix d'une vie, *collectif*
P4558. Une saison de chasse en Alaska, *Zoé Lamazou et Victor Gurrey*
P4559. Mémoires *suivi de* Journal de guerre, *Roland Garros*
P4603. La vie que j'ai choisie, *Wilfred Thesiger*
P4669. Inventer sa vie, *Jean-Louis Étienne*
P4690. Trois Ans sur la dunette. À bord du trois-mâts «La Boudeuse» autour du monde, *Patrice Franceschi*
P4740. J'ai épousé l'aventure, *Osa Johnson*
P4741. Une femme chez les chasseurs de têtes, *Titaÿna*
P4790. Premières Expéditions. Quatre du Congo & Terre farouche
Patrice Franceschi
P4791. Grandes Traversées. Qui a bu l'eau du Nil & Raid papou
Patrice Franceschi
P4871. Sur la route 66, *Stéphane Dugast, Christophe Géral*
P4892. Baïkal-Amour, *Olivier Rolin*
P4915. En radeau sur l'Orénoque, *Jules Crevaux*
P4992. Dans les pas d'Alexandra David-Néel. Du Tibet au Yunnan
Éric Faye, Christian Garcin
P5017. Des nuages plein la tête. Un pâtre en quête d'absolu
Brice Delsouiller

P5061. Seul à travers l'Atlantique, *Alain Gerbault*
P5062. La Terre magnétique, *Édouard Glissant*
P5063. Dans mes pas, *Jean-Louis Étienne*
P5064. Raga. Approche du continent invisible
Jean-Marie Gustave Le Clézio
P5165. Aux confins de l'Eldorado. La Boudeuse en Amazonie
Gérard Chaliand
P5202. Titayna : l'aventurière des années folles
Benoît Heimermann
P5203. La Mer pour aventure, *Collectif*
P5204. Lawrence d'Arabie. Le désert et les étoiles
Flora Armitage
P5205. Travelling. Un tour du monde sans avion
Tangy Viel, Christian Garcin
P5166. Vivre libre, *Henry de Monfreid*
P5257. Endurance. L'incroyable voyage de Shackleton
Alfred Lansing
P5358. Voyage sans cartes, *Graham Greene*
P5359. La Folle Équipée, *Patrice Franceschi*
P5396. Amelia. Le fascinant destin de la plus grande aviatrice du monde
Bernard Marck
P5397. Un art de parcourir le monde. Paris - Hong Kong à vélo.
11 155 km, 371 jours, 23 pays, Florian Coupé
P5398. Les Aventurières du ciel, *Katell Faria*
P5429. Alpinistes de Staline, *Cédric Gras*
P5430. Le Massacre des Indiens, *Lucien Bodard*
P5481. Le Tour du monde en 80 livres, *Marc Wiltz*
P5492. Routes sans lois, *Graham Greene*
P5493. L'Expédition de La Pérouse, *Jules Verne*
P5537. Patagonie dernier refuge, *Christian Garcin, Eric Faye*
P5538. Vers le pôle, *Fridtjof Nansen*
P5602. Femmes d'aventures, *Priscilla Telmon, Daphné Buiron*
Justine Piquemal Muzik, Aurore Asso, Katell Faria, Mélusine Mallender, Catherine Maunoury

Collector La Saga des Maufrais : Aventures en Guyane,
À la recherche de mon fils, Aventures au Mato Grosso, *Edgar et Raymond Maufrais*